改訂 VHDLによる
ハードウェア設計入門

言語入力によるロジック回路設計手法を身につけよう

長谷川 裕恭 著

CQ出版社

本書で使用する表記について

　本書で示す文字例は，VHDLの表記規則にしたがって表記しています．
　本書でVHDLの文法を表わす場合，［　］で括られたものは省略が可能で，1回のみ記述が可能であるものを指します．｜｜で括られたものは省略が可能で，複数回の記述が可能であるものを指します．

まえがき

　HDLによるロジック回路設計は1988年ころから始まり，現在ではもうあたりまえという段階になっています．しかし，これからHDLによるロジック回路設計を始めようという方に必要な情報が十分に与えられていないため，ずいぶんまわり道をさせられていると感じる人も少なくないようです．
　現在，出版されているHDLに関する書籍は難しいHDLの文法説明に終始しているか，いきなり複雑なシステム・シミュレーションを紹介しているため，HDLによるロジック設計の入門書としては適切でないものが多いようです．
　ロジック回路設計者にとってはHDLを覚えることがしごとではなく，より重要なことは何を設計するかにあります．HDLはロジック設計の一つの手段にすぎません．
　本書では，このHDLという設計手段をできるだけ容易に学べるように，具体的なロジック回路の記述を例にとりながら必要な文法を学んでいける構成にしています．
　HDLとして広く普及しているのは，VHDLとVerilog HDLです．どちらで記述したらよいのかと著者もよく尋ねられますが，細かい点で議論の余地はあるものの基本的にはどちらで記述してもたいして変わらないと考えています．もちろん，文法的にはかなりの違いがあります．しかし，HDLにとっていちばん重要なことは，記述スタイルです．
　記述スタイルとは，一言でいえば，ロジック回路に直結した問題をどのような形式に記述するかということです．記述スタイルは，VHDLでもVerilog HDLでもなんら変わりません．どちらの言語でHDLによるロジック回路設計を習得しても，簡単に他の言語に移行できます．どちらで始めるかはささいな問題と考えます．
　本書は，VHDLによるロジック回路設計の入門書です．もちろん，ロジック回路設計に必要なVHDLの文法については詳しく解説していますし，VHDL特有の機能を生かした記述も数多く紹介しています．しかし，重要なのはその記述スタイルです．本書を読み終えるころには，自然とこの記述スタイルが身につくように構成したつもりです．
　雑誌などで，よくHDLが次世代の画期的設計手法であるという内容の記事を見かけます．その記事の真意はともかく，HDLだと何でも設計できるという神話を一般の設計者に与えてしまっています．HDLは，回路図入力による設計と比べて，回路入力の方法が変わっただけです．HDLは，回路のアルゴリズムを考え出してくれるものではありません．回路の構造自体は，やはり回路設計者が考えなければなりません．これからHDLによるロジック回路設計を始められる方は，このことを念頭に置いてください．記述したHDLからどのような回路が生成されるかを考えておかないと，品質の悪い回路を生成してしまうことになります．

本書の記述は，シミュレーションの記述などを除き，米国Synopsys社のDesign Compilerを使ってロジック回路の生成が可能です．本書がロジック回路の生成を意識しながらHDLを記述する手助けになれば幸いです．

　この本の発行にあたって，論理合成ツール，シミュレーション・ツールの使用許可をいただいた日本シノプシスの平野　悠社長，数々の助言をいただき，また記述のチェックを行っていただいた日本シノプシスの吉村　勉氏，連載から書籍化まで数々のご苦労をおかけした，CQ出版社の増田久喜氏，大野典宏氏に謝意を表します．

1995年2月
著　者

　この本(の初版)を執筆してから8年たち，HDL設計は完全に定着したと言えます．本書もそれに少しは貢献したのではと自負しております．この8年の間，HDL自体は変化しなくても，まわりの設計環境はずいぶん変わったものになってきました．本書もそれに合わせて改訂版を出すことになりました．
　今回変更された，あるいは書き加えられた点は，以下のとおりです．
①第7章「VHDLによるシミュレーション記述」を新設
②第8章 8.1～8.4節を，現在の設計スタイルに合わせて改訂
③第1章 1.5節の集合体について加筆
④第3章 3.5節の非同期リセットについて加筆
⑤VHDL'93で加えられた文法について加筆と修正
　前書ではシミュレーション記述に対する説明が少なかったのですが，今回はいきなりシミュレーション記述を始める方が困らないように，詳しく解説を加えることにしました．また，8年前，筆者の知識不足によって説明が不足していた点もいくつか加筆してあります．本書をVHDL記述を始めるうえでの記述例集として，あるいは忘れがちな文法を確認するためのクイック・リファレンスとして活用していただければ幸いです．

2004年2月
著　者

◆目　次◆

まえがき …………………………………………………………………………………… 3

第 1 章　VHDL 基本構文 …………………………………………………………… 11

1.1　VHDL とは ………………………………………………………………… 11
- HDL（ハードウェア記述言語）設計のメリット ……………………………… 11
- VHDL の歴史 ………………………………………………………………… 12
- 高機能言語 VHDL …………………………………………………………… 13

1.2　エンティティとアーキテクチャ …………………………………………… 14
- 複数のアーキテクチャ ………………………………………………………… 14
- ポート ………………………………………………………………………… 15
- std_logic ……………………………………………………………………… 16
- アーキテクチャ ……………………………………………………………… 17

1.3　論理演算子 …………………………………………………………………… 17

1.4　構造化記述 …………………………………………………………………… 19
- コンポーネント宣言 ………………………………………………………… 19
- コンポーネント・インスタンス文 …………………………………………… 20

1.5　ベクタの記述 ………………………………………………………………… 21
- std_logic_vector ……………………………………………………………… 21
- 配列のスライス ……………………………………………………………… 22
- ビットの結合（連接子と集合体） …………………………………………… 23

1.6　算術演算子 …………………………………………………………………… 25
- 加算器の記述 ………………………………………………………………… 25
- IEEE 標準 std_logic，std_logic_vector ……………………………………… 26

1.7 名付け規則とコメント文 ･･･ 27
　● 名まえの付けかた ･･ 27
　● コメント文 ･･ 29

第2章　プロセス文　31

2.1 組み合わせロジックを生成するプロセス文 ･････････････････････････････････ 31
　● 同時処理文 ･･ 31
　● プロセス文 ･･ 31
　● 組み合わせロジックを生成するプロセス文 ････････････････････････････････ 32

2.2 if文の記述 ･･ 33

2.3 関係演算子 ･･ 34
　● コンパレータの記述 ･･ 34
　● 演算子の優先順位 ･･ 36

2.4 case文の記述 ･･ 37
　● 74LS138の記述 ･･ 37
　● don't care出力 ･･ 38
　● プライオリティ・ロジック ･･ 39

2.5 for-loop文の記述 ･･･ 41

2.6 3ステート・バッファの記述 ･･･ 42

2.7 順序回路の記述 ･･ 44
　● フリップフロップを生成させる記述 ･･ 44
　● 強制リセットの記述 ･･ 45

第3章　カウンタの記述とシミュレーション　49

3.1 同期式カウンタ ･･･ 49
　● 同期式カウンタの記述方法 ･･ 49
　● OUTポートへの再代入 ･･･ 49
　● イネーブル信号付き12進カウンタ ･･･ 53

3.2 アップ/ダウン・カウンタ …………………………………………………………… 53

3.3 その他のカウンタ ……………………………………………………………………… 54
- リプル・カウンタ (非同期式カウンタ) ……………………………………………… 54
- ジョンソン・カウンタ ………………………………………………………………… 55

3.4 シミュレーションの記述 ……………………………………………………………… 57
- プロセス文による記述 ………………………………………………………………… 57
- wait文 …………………………………………………………………………………… 59
- コンフィグレーション宣言 …………………………………………………………… 59
- シミュレーション記述の注意点 ……………………………………………………… 60

3.5 60進カウンタ …………………………………………………………………………… 61
- BCDカウンタ …………………………………………………………………………… 61
- afterによるシミュレーション記述 …………………………………………………… 65
- 非同期セット,非同期リセットの利用 ……………………………………………… 65

第4章 データ・タイプとパッケージ …………………………………………………… 67

4.1 オブジェクト・クラス ………………………………………………………………… 67
- 定数宣言 ………………………………………………………………………………… 67
- 変数宣言 ………………………………………………………………………………… 67
- 信号代入文と変数代入文 ……………………………………………………………… 68

4.2 データ・タイプ ………………………………………………………………………… 70
- 標準タイプ ……………………………………………………………………………… 70
- Integer …………………………………………………………………………………… 71
- Time ……………………………………………………………………………………… 71

4.3 ユーザ定義のデータ・タイプ ………………………………………………………… 74

4.4 ユーザ定義のサブタイプ ……………………………………………………………… 75

4.5 パッケージとライブラリ ……………………………………………………………… 75
- ライブラリ ……………………………………………………………………………… 75
- パッケージ宣言 ………………………………………………………………………… 77
- ALUの記述例 …………………………………………………………………………… 79

4.6 配列タイプ ……………………………………………………………… 81
　● 配列タイプ …………………………………………………………… 81
　● 多次元配列 …………………………………………………………… 82

4.7 スタティックRAMのモデル化 ……………………………………… 82
　● 配列の多重定義 ……………………………………………………… 82
　● ジェネリック文 ……………………………………………………… 84
　● 遅延値の設定 ………………………………………………………… 85
　● アサート文(セットアップ/ホールド時間のチェック) ………… 85

4.8 タイプ変換 ……………………………………………………………… 86

4.9 タイプ限定式 …………………………………………………………… 88

4.10 レコード・タイプ ……………………………………………………… 88

第5章 サブプログラム …………………………………………………… 91

5.1 サブプログラムとは …………………………………………………… 91
　● サブプログラム宣言とサブプログラム文 ………………………… 91
　● パッケージ・ボディ ………………………………………………… 92

5.2 ファンクション文 ……………………………………………………… 93
　● 入力パラメータ ……………………………………………………… 93
　● アトリビュート ……………………………………………………… 93
　● 出力パラメータ ……………………………………………………… 95

5.3 可変長デコーダ/エンコーダ ………………………………………… 95
　● デコーダの記述 ……………………………………………………… 95
　● エンコーダの記述 …………………………………………………… 96

5.4 オーバロード・ファンクション ……………………………………… 98
　● オーバロード ………………………………………………………… 98
　● 演算子オーバロード ………………………………………………… 99

5.5 グレイ・コード・カウンタの記述 …………………………………… 100
　● グレイ・コード ……………………………………………………… 100

- ● グレイ・コードへの変換 …………………………………………………… 101

5.6 プロシージャ文 ……………………………………………………………… 102
- ● 入出力パラメータ …………………………………………………………… 102
- ● バレル・シフタ ……………………………………………………………… 102

第6章　VHDLによる回路設計 …………………………………………………… 107

6.2 FIFOの記述 …………………………………………………………………… 107
- ● 同期式FIFO …………………………………………………………………… 107
- ● 回路構成 ……………………………………………………………………… 107
- ● VHDLによるモデル化 ……………………………………………………… 109

6.2 ステート・マシン …………………………………………………………… 113
- ● 状態遷移図 …………………………………………………………………… 113
- ● ミーリ型ステート・マシン ………………………………………………… 114
- ● ムーア型ステート・マシン ………………………………………………… 117

第7章　VHDLによるシミュレーション記述 ………………………………… 121

7.1 クロック・エッジ・ベースの記述 ………………………………………… 121
- ● クロック・イベントを利用した記述 ……………………………………… 121
- ● 信号の観測ポイントと代入ポイント ……………………………………… 121
- ● 遅延式の違い ………………………………………………………………… 123

7.2 プロシージャの利用 ………………………………………………………… 125
- ● クロック・エッジのプロシージャ ………………………………………… 125
- ● 構造的なシミュレーション記述 …………………………………………… 125
- ● バス入出力のプロシージャ記述 …………………………………………… 126
- ● プロシージャの入力引き数 ………………………………………………… 126

7.3 TEXTIOの利用 ……………………………………………………………… 129

7.4 シリアル・インターフェースのシミュレーション ……………………… 131

第8章　RTL 記述の注意点と高度な文法 … 137

8.1　シミュレーションにおける'X'の伝播 … 138

8.2　複数クロックのデザイン … 140

8.3　フリップフロップ生成の制限 … 142

8.4　プロセス文を記述するうえでの注意点 … 143

8.5　if文，case文 … 144

8.6　同時処理文 … 146
- ラベル … 146
- when文 … 146
- ジェネレート文 … 147

8.7　アトリビュート … 149
- ユーザ定義アトリビュート … 149

8.8　リゾーブ・タイプ … 149

8.9　コンフィグレーション宣言 … 150

付録A　文法一覧 … 154

付録B　定義済みアトリビュート一覧 … 167

付録C　VHDLパッケージ・ファイル … 169
- std_logic_1164 … 169
- std_logic_arith … 193
- std_logic_unsigned … 198

特別付録　VHDL用語対訳集 … 200

参考文献 … 207

第1章
VHDL 基本構文

1.1 VHDLとは

● HDL（ハードウェア記述言語）設計のメリット

　HDL（ハードウェア記述言語）による設計手法は，すでにASIC（特定用途向け集積回路）などの大規模集積回路の設計でさかんに利用されています．HDLによる設計はASICに限らず，FPGAやPLDなどを使用した比較的小規模な設計にもさまざまなメリットをもたらします．図1.1に回路図入力による設計とHDLによる設計の比較を示します．

　HDLによる設計は，より抽象度の高いレベルで設計することにより，難しい論理式から設計者を解放し，設計期間を短縮することができます．また，抽象度の高い記述であるということは，それだけ設計の変更が容易になるということで，設計者はより完成度の高いシステムを構築することができます．

　1990年当時，ハードウェア記述言語にはVHDL（VHSIC HDL），Verilog HDL，UDL/I（Unified Design

〈図1.1〉回路図入力による設計とHDL入力による設計

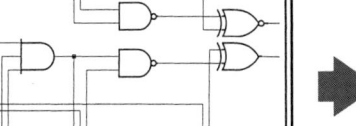

いままでの設計手法
回路図入力

これからの設計手法
HDL記述

```
entity COUNTER is
  port (CLK,RST,ENB : in std_logic;
        COUNT8      : out UNSIGNED(7 downto 0);
end COUNTER;
architecture RTL of COUNTER is
signal INCOUNT : UNSIGNED(7 downto 0)
begin
  process(CLK,RST) begin
    if(RST =  '1') then
      INCOUNT <= "00000000";
    elsif(CLK'event and CLK ='1') then
      INCOUNT <= INCOUNT + 1;
```

	回路図入力	HDL 設計	
1	回路図入力に時間がかかる	テキストで簡単に入力	｝設計期間の短縮（1/2～1/3に）
2	論理式（ブール代数）を考える必要がある	論理式を考える必要がない	
3	回路変更がたいへん	回路変更が容易	→より完成度の高いシステムの構築
4	設計者以外では，内容を理解しずらい	だれにでも内容を理解しやすい	｝設計の再利用が容易
5	特定の半導体メーカのライブラリを使用して回路図入力する	半導体メーカのライブラリを使用しない．どのメーカでも作成可能	

〈表1.1〉
各種HDLの比較

言語名	開発元	特　徴
VHDL	米国国防省が中心となって開発	幅広い分野の記述が可能．高い記述能力
Verilog HDL	シミュレータVerilogの言語として開発	幅広い分野の記述が可能だが，VHDLほど記述能力は高くない
SFL	PARTHENONシステムの言語として開発	RTLでの記述のみ可能．完全同期式の回路に限定している．単純でわかりやすい記述
UDL/I	日本電子工業振興協会において開発	RTLでの記述のみ可能．同期式の回路記述は単純化されている

Language for Integrated Circuit），SFL（Structured Function description Language）などがありました．それぞれの特徴を表1.1に示します．このうち，現在ではVHDLとVerilog HDLが広く普及し，使用されるようになっています．現在，ロジック回路設計の大半が，この二つのハードウェア記述言語によって設計されています．

● VHDLの歴史

　VHDLは，米国国防省のVHSIC（Very High Speed Integrated Circuit）委員会で1981年に提唱されました．大規模ICの開発には，より上位レベルの検証が求められていました．また当時，国防省向けASICの開発は長いもので3年から4年もかかっていました．その間，半導体のプロセスは進歩し，開発当初の時点では一番スピードが速いASICを使用していたのが，開発が完了する時点では時代遅れになってしまうという問題が生じていました．そこで直接ロジック・ゲートを回路図で入力するのではなく，ハードウェア記述言語（HDL）で設計することによって，開発終了時に一番スピードの速いASICを選択できるようにする必要がありました．

　こうして，1983年にVHDLの仕様作成が始まり，1985年に作業が完了しました．1986年にはマニュアルにまとめられ，バージョン7.2として公開されました．現在では，米国国防省が調達するすべてのASICは，VHDL記述付きで納入するように義務づけられています．

　その後，1986年にはIEEE（米国電気電子技術者協会）による標準化作業が，VASG（VHDL Analysis & Standardization Group）委員会で始まりました．1987年5月にはLRM（言語仕様書；Language Reference Manual）が作成され，12月にIEEE Std 1076-1987として承認されています．

　そして，1992年に文法の改訂作業が行われ，1995年にIEEE Std 1076-1993として承認されました（以後，VHDL'93と称す）．この新しい仕様は1998年頃から使用され始めています．本文中，この新しい仕様で追加された文法については「（VHDL'93）」として，本文中に明記します．

　IEEEは，米国の技術者の集まりという位置づけですが，ここで承認されたものが世界の標準として認められる権威ある団体で，VHDLも全世界の標準HDLとして広く普及しています．

　1989年には，VHDLシミュレータやVHDL記述からロジック回路を生成するソフトウェア（論理合成ツール）がEDAベンダから販売されるようになり，実際にロジック回路設計に用いられるようになりました．

　2003年現在，ロジック回路設計は15年前には想像できなかったほど大規模なものとなりました．この大規模設計を実現できたのは，VHDL，Verilog HDLといったハードウェア記述言語のおかげと言われています．

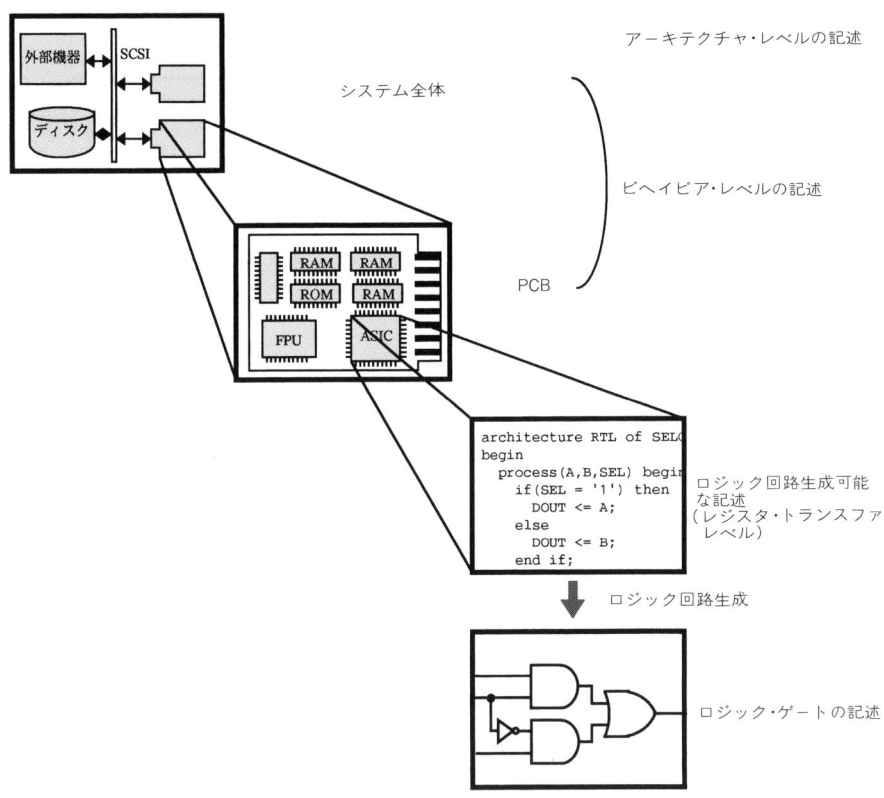

〈図1.2〉あらゆるレベルの記述が可能

● 高機能言語VHDL

　VHDLは記述能力の高い言語で，さまざまなレベルの記述が可能です．システム全体のアルゴリズムやアーキテクチャを記述したり，ハード・ディスク装置のデータのやり取りや，モータの制御などをモデル化してシステム全体を抽象度の高いレベル（ビヘイビア・レベル）で記述したり，ロジック回路の自動生成が可能なレベル（RTL：Register Transfer Level）で記述します．もちろんロジック・ゲートのレベルでも記述可能です（**図1.2**）．

　実際に大規模な設計，CPUや通信，画像処理の設計などではまず最初にアーキテクチャ・レベルやビヘイビア・レベルで記述し，システム全体を検証します．システムのバグをより早い段階で見つけ出すことにより，設計の効率化を図ります．その後，検証されたシステムの中でASIC化する部分をロジック回路生成可能なレベル（RTL）で記述し直し，ロジック回路を生成させます．

　もちろん小規模な設計では，アーキテクチャ・レベルやビヘイビア・レベルで記述せずに，最初からRTLで記述します．RTLの記述をシミュレーションで検証したあと，ロジック回路生成プログラム（論理合成ツール）によってロジック回路を生成します．

　実際には，現在のところ，VHDL記述のロジック回路設計への利用はこのRTLと呼ばれるレベルがほとんどです．VHDLは高い記述能力をもつ反面，文法的には難しい言語だと言われています．しかし，RTLの記述だけならばそれほど難しいものではありません．本書では，ロジック回路設計者のために，このRTL記述に焦点を絞って解説していきます．

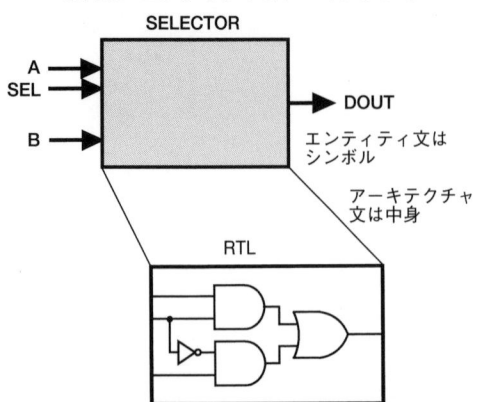

〈図1.3〉エンティティとアーキテクチャ

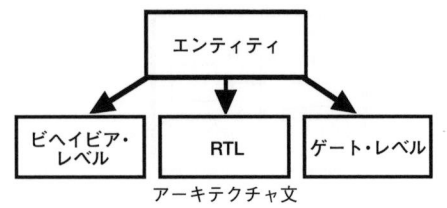

〈図1.4〉エンティティを異なるアーキテクチャで記述できる

第1章，第2章では，最低限必要となる文法をひとつずつ，具体的な記述例をまじえながら紹介していきます．

1.2 エンティティとアーキテクチャ

● 複数のアーキテクチャ

VHDLでは，外部とのインターフェース部分（エンティティ）と内部の動作（アーキテクチャ）を別々に記述します．

エンティティ宣言は，回路図面におけるシンボルのようなものと考えてください．そしてそのシンボルの中身はアーキテクチャ宣言で記述します（図1.3）．また，一つのエンティティ宣言は，複数のアーキテクチャ宣言をもつことができます．すなわち，ビヘイビア・レベルの記述とRTLでの記述，ゲート・レベルでの記述など，異なるレベルの記述が一つのエンティティでカバーできるわけです（図1.4，p.17のコラム1「論理合成が可能なRTL記述」を参照）．

一つのエンティティ宣言に対し，どのアーキテクチャ宣言を選択するかはコンフィグレーション宣言で選択します（3.4節，8.9節参照）．

リスト1.1は，ハーフ・アダー（1ビットの加算器）の記述です．②が外部とのインターフェースを記述したエンティティ宣言です．**HALF_ADDER**はエンティティ名と呼ばれ，この回路の名まえになります．

```
entity エンティティ名 is
    ［ジェネリック文］
    ［ポート文］
end ［エンティティ名］;
```

最後は **end** エンティティ名 ; で終わりますが，そのエンティティ名は省略が可能です．

1.2 エンティティとアーキテクチャ

〈リスト1.1〉ハーフ・アダーの記述（論理式の記述例）

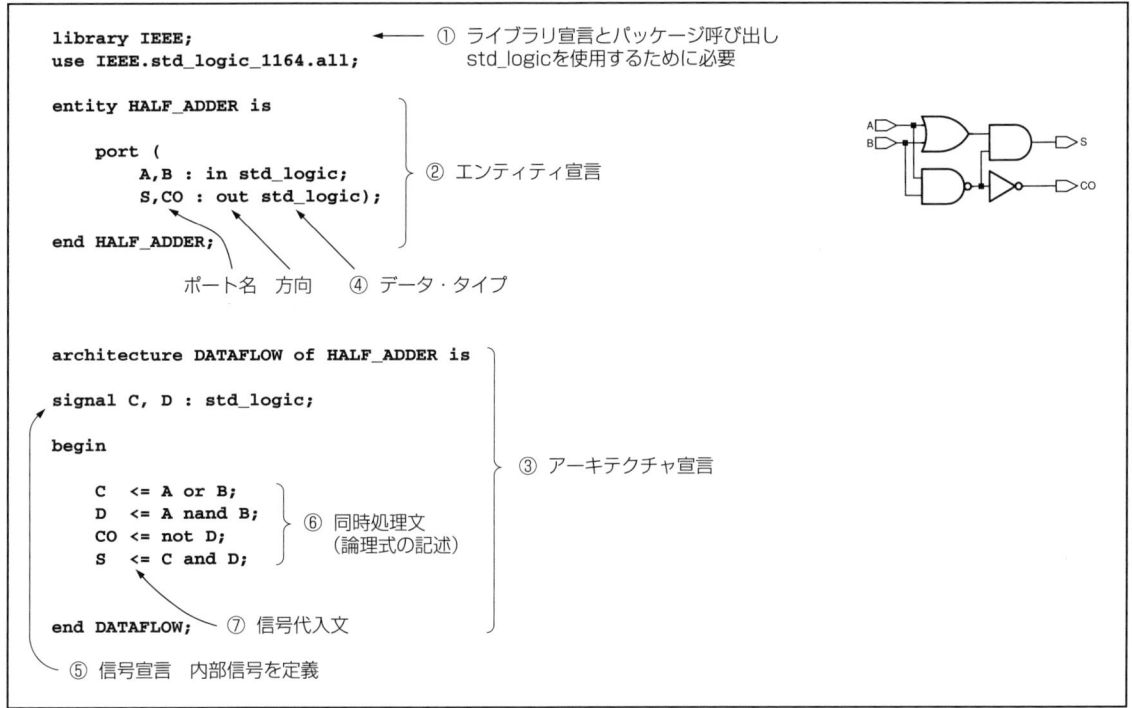

```
library IEEE;                    ← ① ライブラリ宣言とパッケージ呼び出し
use IEEE.std_logic_1164.all;         std_logicを使用するために必要

entity HALF_ADDER is
    port (
        A,B : in std_logic;          ② エンティティ宣言
        S,CO : out std_logic);
end HALF_ADDER;
                ポート名 方向  ④ データ・タイプ

architecture DATAFLOW of HALF_ADDER is

signal C, D : std_logic;
begin
                                     ③ アーキテクチャ宣言
    C  <= A or B;
    D  <= A nand B;                  ⑥ 同時処理文
    CO <= not D;                        （論理式の記述）
    S  <= C and D;

end DATAFLOW;       ⑦ 信号代入文

    ⑤ 信号宣言　内部信号を定義
```

〈表1.2〉
ポートの方向指定

方向指定（mode）	意　　味
in	入力
out	出力（内部で出力を再利用できない）
inout	双方向
buffer	出力（内部で出力を再利用できる）
linkage	方向指定なし．どの方向でも結合できる

注：**out**は複数の信号代入を許すのに対し，**buffer**は一つの信号しか許さない

● ポート

エンティティ内部にはポート，ジェネリック（4.7節）を記述できます．ポートは，

　　port（ポート名 {,ポート名} : 方向　データ・タイプ名；
　　　　　　　　　　　　　　⋮
　　　　　　ポート名 {,ポート名} : 方向　データ・タイプ名）；

と記述します．
　ポート宣言の最後の行は，データ・タイプ名のあとに；が付かないことに注意してください．方向には**表1.2**の5種類があります．**リスト1.1**では，入力**in**，出力**out**を使用しています．そのほかに双方向を

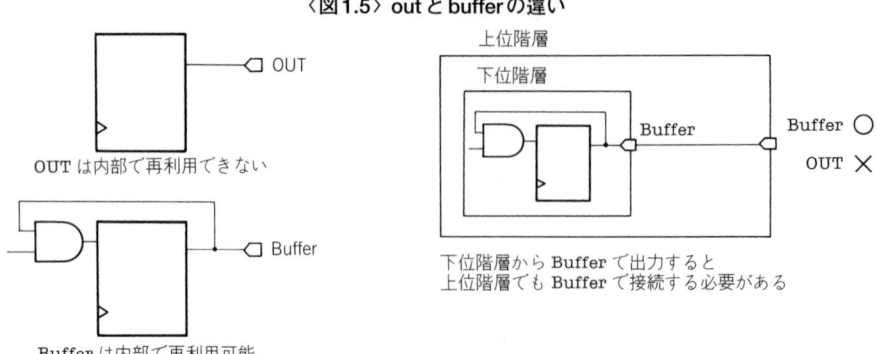

〈図1.5〉outとbufferの違い

記述する場合には**inout**を使用します．

　出力**out**は，内部でその信号を再利用できないという制限があります（**図1.5**）．しかし，内部信号が再利用可能な出力**buffer**は，その上位階層も**buffer**で接続しなければならないといった制限もあり，利用するのはあまり好ましくありません．出力信号を内部で再利用する場合でも方向は**out**を使用し，内部で宣言された信号をそのポートに再代入して使用します（3.1節に具体例を示す）．

　ポート宣言が外部からの信号のやり取りを定義するのに対して，ジェネリック宣言は，そのエンティティのパラメータを定義します．ビット長やワード長といったパラメータを上位階層から渡すのに利用します（4.7節に具体例を示す）．ポート宣言，ジェネリック宣言とも省略が可能で，1回だけ記述することができます．

● std_logic

　リスト1.1では，データ・タイプ**std_logic**を使用しています．VHDLには多くのデータ・タイプがありますが，ロジック回路設計のほとんどで，この**std_logic**とそのベクタ・タイプ**std_logic_vector**を使用すると考えてください．このデータ・タイプは，他のVHDL標準データ・タイプと異なり，リスト1.1の①のようにライブラリ宣言，

```
library    IEEE;
```

とパッケージ呼び出し，

```
use IEEE.std_logic_1164.all;
```

という記述が必要になります．ライブラリは，あるデータの集まりと考えてください．use文は，C言語のinclude文のようなものです．パッケージの中ではさまざまな宣言がなされています．データ・タイプについては第4章で詳しく説明します．

　ここでは，データ・タイプ**std_logic**を使用するために，かならず文頭にこの2行が必要になると考えてください（1.6節を参照）．

COLUMN 1 論理合成が可能なRTL記述

　RTL記述からロジック回路を生成させる場合，ポート名やポートのデータ・タイプなどが変化してしまうことがあります．また，ビヘイビア記述からRTL記述に書き直す場合，ポートそのものが変更になるようなこともあります．このため，ロジック回路設計者が一つのエンティティ宣言に，複数のアーキテクチャ宣言を持たせるようなことはあまり行われていません．しかし，このしくみは論理合成ツール側にとって便利なものとなっています．例えば，8ビットのアダーがあるとします．アダーには，面積が小さいけれど動作速度の遅いリプル・キャリ型と動作速度は速いけれど面積が大きいキャリ・ルックアヘッド型の二つがあります．ロジック回路設計者が単にアダーのエンティティを呼び出した時，論理合成ツールはその回路に与えられた条件により，どちらを選ぶかを自動的に選択します．このように，論理合成用のライブラリ作成には欠かせない機能となっています．

● アーキテクチャ

リスト1.1の③がアーキテクチャ宣言の記述になります．

```
architecture アーキテクチャ名 of エンティティ名 is
    〈宣言文〉         -- signal, constant, type, functionなど
begin
    〈同時処理文〉
end ［アーキテクチャ名］;
```

アーキテクチャ宣言は，エンティティ宣言に従属しているので，**of**でエンティティ名を記述します．エンティティ宣言の場合と同じように，最後のアーキテクチャ名は省略が可能です．

⑤のように内部で使用する信号は，**architecture**と**begin**の間で信号宣言します．

```
signal 信号名:データ・タイプ名;
```

　信号宣言もポート文と同じようにデータ・タイプが必要となります．ここではポートで使用したデータ・タイプと同じ**std_logic**を使用しています．⑥のように**begin**と**end**の間に直接記述されたものは同時処理文と呼ばれ，すべての文が同時に処理されます．各信号は，論理演算されたあと，⑦の信号代入文**<=**で代入されます．

1.3 論理演算子

　リスト1.1の⑥のように**and**, **or**などで記述されたものは論理式レベルの記述と呼ばれています．論理式には，

〈リスト1.2〉AND-ORセレクタの記述（論理式の記述例）

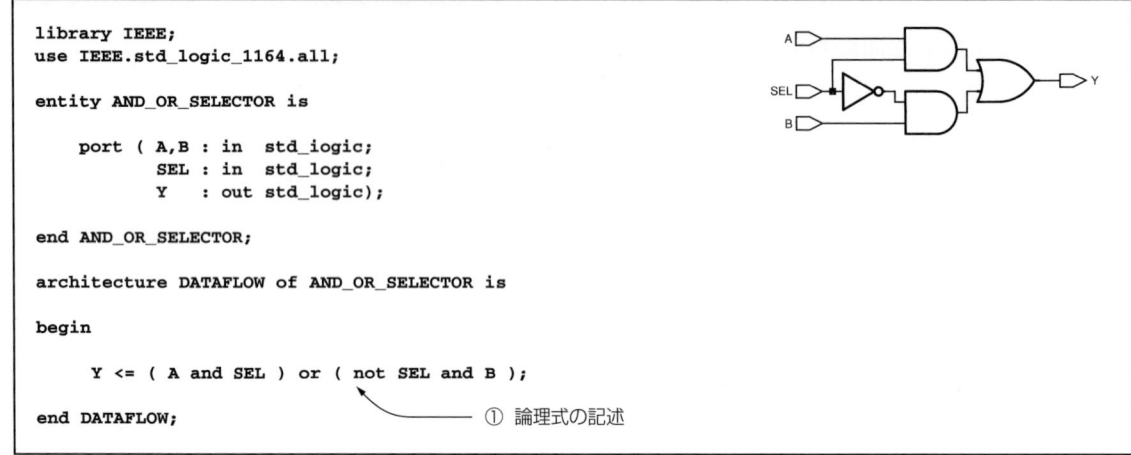

```
library IEEE;
use IEEE.std_logic_1164.all;

entity AND_OR_SELECTOR is

    port ( A,B : in  std_iogic;
           SEL : in  std_logic;
           Y   : out std_logic);

end AND_OR_SELECTOR;

architecture DATAFLOW of AND_OR_SELECTOR is

begin

    Y <= ( A and SEL ) or ( not SEL and B );   ← ① 論理式の記述

end DATAFLOW;
```

　　　　not and or nand nor xor

の6種類があります．
　論理演算子は，**std_logic**，**bit**などのロジック型のデータ・タイプ，**std_logic_vector**などのロジック型の配列タイプ（1.5節を参照），およびBooleanタイプが使用可能です．論理演算を使用する場合，式の右辺と左辺，および代入される信号がすべて同じデータ・タイプである必要があります．
　一つの文に二つ以上の論理式がある場合，C言語などは左から順に優先順位が高くなりますが，VHDLでは左右で優先順位の差はなく，リスト1.2の①のように括弧でくくらないと文法エラーになります．ただし例外があり，**and**，**or**，**xor**だけで構成されるものは順序を変更しても論理が変わらないので括弧を省略することができます．

　例：　A <= B and C and D and E;
　　　　A <= B or C or D or E;
　　　　A <= B xor C xor D xor E;
　　　　A <= ((B nand C) nand D) nand E;　 -- かならず括弧が必要
　　　　A <= (B and C) or (D and E);　　 　-- かならず括弧が必要

　ただし，論理演算子の中で**not**だけは優先順位が他の演算子（算術演算子，関係演算子）よりも高くなっています．①では**not**は**and**よりも先に演算されます．
　リスト1.2は，AND-ORセレクタと呼ばれる回路で，ロジック回路設計ではよく使用される回路です．**SEL**に'1'が入力された場合は信号**A**を出力し，**SEL**に'0'が入力された場合は**B**を出力します．

〈リスト1.3〉フル・アダーの記述（構造化記述の例）

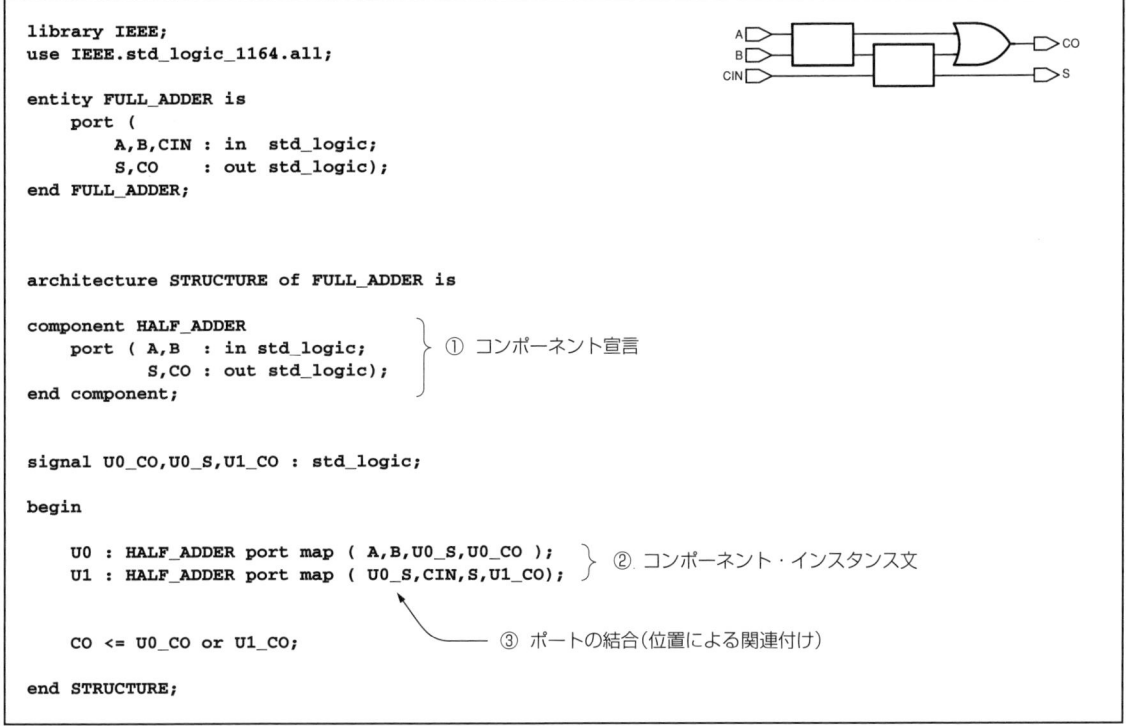

1.4 構造化記述

● コンポーネント宣言

　リスト1.3は，リスト1.1で記述したハーフ・アダーを二つ使用してフル・アダーを記述したものです．ハーフ・アダーは，下位ビットからのけた上がり信号CINがありません．けた上がり信号に対応させるためには，この記述のようにハーフ・アダーを二つ組み合わせて記述します．このフル・アダーをさらに複数個並べることで，4ビットとか8ビットとかのアダーを作成することができます．

　この記述の①と②の部分が構造化記述にあたります．構造化記述とは，階層設計で下位のモジュールを呼び出したり，あるいはロジック・ゲートを直接記述する方法をいいます．

　VHDLでは，②のようにコンポーネント・インスタンス文（次頁を参照）で下位のモジュールを呼び出す前に，①のように**architecture**と**begin**の間にそのモジュールがどのような形で構成されているかを表すコンポーネント宣言を行わなければなりません．

　VHDLでは，各記述をそれぞれ単独で処理できるようにするため，このような記述が必要になります．少々めんどうですが，下位階層のエンティティ宣言をコピーして編集するなどして記述してください．エンティティ宣言との違いは，**entity**を**component**に変えて，**is**を消去し，最後を**end component**にするだけです．

```
component コンポーネント名
    ［ジェネリック文］
    ［ポート文］
end component;
```

コンポーネント宣言は，**architecture** と **begin** の間以外に，パッケージ文で宣言することもできます（4.5節を参照）．ASICベンダからリリースされるロジック・ゲートのライブラリでは，コンポーネント宣言が含まれたパッケージが供給されます．このようなパッケージ文を呼び出すことによって，コンポーネント宣言を省略することもできます．

```
library IEEE,ASIC;
use IEEE.std_logic_1164.all;
use ASIC.components.all;    -- この中にコンポーネント宣言を記述
entity FOO is
  port(…);
end FOO;
architecture STR of FOO is  -- コンポーネント宣言はいらない
begin
  U0: AND2 port map (A, B, net2);
  U1: NOR4 port map (net2, C, D, E, net3);
    :
```

● コンポーネント・インスタンス文

コンポーネント・インスタンス文は，

```
ラベル名 : コンポーネント名 port map (信号,…);
```

と記述します．ラベル名は，このコンポーネントに付けられる名まえで，そのアーキテクチャ宣言の中でユニークな（記述中で唯一の）ものでなければなりません．

下位階層のポートと信号は，**port map** で結合します．結合のさせかたには，「位置による関連付け」と「名まえによる関連付け」の2種類があります．リスト1.3の③は位置による関連付けになり，ポート文で書かれた順番に結合されます．最初に書かれている信号 **U0_S** は，**HALF_ADDER** の最初のポート **A** に，**CIN** は **B** に，**S** は **S** に，**U1_CO** は **CO** に結合されます．

名まえによる関連付けは，

```
ポート名 => 信号名
```

と記述します．③を名まえによる関連付けで記述すると，

```
U1: HALF_ADDER port map (A=>U0_S,B=>CIN,CO=>U1_CO,S=>S);
```

になります．もし，出力信号が接続されないような場合は，予約語 **open** を記述するか，ポート記述を省略することで対応します．

```
U1: HALF_ADDER port map (A=>U0_S,B=>CIN,CO=>open,S=>S);
U1: HALF_ADDER port map (A=>U0_S,B=>CIN,S=>S);
U1: HALF_ADDER port map (U0_S,CIN,open,U1_CO);
U1: HALF_ADDER port map (U0_S,CIN,S);
```

通常，入力ポートをopenにすることはできません．ただし例外があり，ポート宣言に初期値が記述されている場合は可能になります．

```
entity HALF_ADDER is
  port (A: in std_logic: = '0';  -- 初期値の設定
        B: in std_logic: = '0';
        S,CO: out std_logic);
end HALF_ADDER;

U1: HALF_ADDER port map (A=>open,B=>CIN,CO=>U1_CO,S=>S);
```

ポート宣言に初期値を記述する方法は，シミュレーションでは問題なく使用することができます．しかし，論理合成ツールによっては，この初期値を無視してしまうものもあります．RTLでは初期値は記述しないでください．

ポートに結合できるのは，信号あるいはデータ・タイプ変換関数(4.8節を参照)のみです．演算式や定数を直接ポートに結合させることはできません．

1.5 ベクタの記述

● std_logic_vector

データ・バスなど幅をもった信号は，リスト1.4の①のように **std_logic** の配列タイプである **std_logic_vector** にバス幅を定義します(②)．また，ここで使用している降順 **downto** の代わりに昇順の **to** を使用することもできます．

```
A,B,C: in  std_logic_vector (0 to 3);
```

算術演算(**+**, **-**, *****, **/**)あるいは関係演算(**=**, **<**, **>**, **/=**, **<=**, **>=**)を行う場合は，いちばん左側のビットが演算上の最上位ビット(MSB)でないと正しい演算ができません．

使用するシステムに合わせ，MSBが一番大きい数字の場合は **downto** を使用し，MSBが0ビット目の場合は **to** を使用するようにしてください．

③の論理演算子 **nand** と **nor** は幅をもった信号の場合，1ビットごとの論理演算になります．**リスト1.4**

〈リスト1.4〉データ・バスの記述(ベクタの記述例)

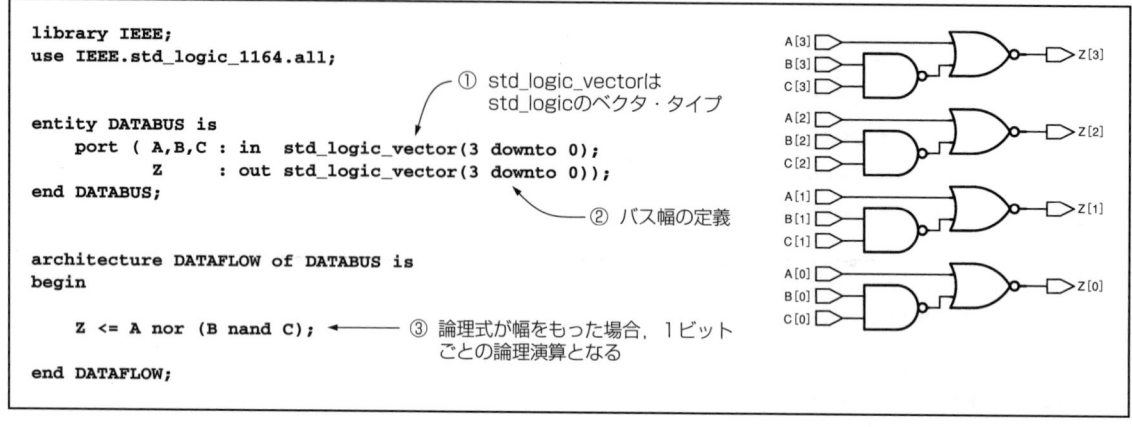

の記述からは**nand**と**nor**で構成された回路が4ビット分生成されます．

　幅をもった信号(配列)に対して論理演算子による演算を行う場合，論理演算子の右辺と左辺，そして代入される値がすべて同じビット幅でないと文法エラーになります．

● 配列のスライス

　幅をもった信号(ベクタ・タイプ)から特定のビットの値を切り出すには，**リスト1.5**の①のように信号名に括弧を付加し，その中に特定ビットの数字を記述します．**リスト1.5**は，5ビット・パリティ・チェックの回路です．入力信号**A**の各ビットを調べ，'1'が偶数個入力されているか，奇数個入力されているかを調べます．この回路は，RS-232-Cなどのシリアル通信の簡単なエラー検出やメモリのエラー検出などに使用されます．

　ビット幅をもって切り出す場合には，ポート宣言や信号宣言と同じように**downto**あるいは**to**で切り出します．

```
例：signal A : std_logic_vector (3 downto 0);
    signal B : std_logic_vector (7 downto 0);
    signal C : std_logic_vector (0 to 3);
    signal D : std_logic_vector (0 to 7);

    A <= B (3 downto 0);
    C <= D (2 to 5);
```

　ただし，**downto**で宣言されているものは**downto**，**to**で宣言されているものは**to**でしか取り出せません．
　前節に示したポートの結合でもこの配列のスライスを利用することができます．

1.5 ベクタの記述

〈リスト1.5〉5ビット・パリティ・チェッカの記述(配列のスライスの記述例)

```
library IEEE;
use IEEE.std_logic_1164.all;

entity PARITY_CHECK is
   port( A : in  std_logic_vector(3 downto 0);
         Y : out std_logic );
end PARITY_CHECK;

architecture DATAFLOW of PARITY_CHECK is

signal TMP : std_logic_vector(1 downto 0);

begin

  TMP(0) <= A(0)   xor A(1);    ←── ① ベクタからの特定ビットの切り出し
  TMP(1) <= TMP(0) xor A(2);
   Y     <= TMP(1) xor A(3);

end DATAFLOW;
```

```
   architecture STR of UPPER_PC is
   component PARITY_CHECK is
     port (A: in std_logic_vector (3 downto 0);
           Y: out std_logic);
   end PARITY_CHECK;
   begin
     PC1: PARITY_CHECK port map (A(0) => NET1,
                        A (3 downto 1) => NETVECT,
                        Y => NET2);
```

● ビットの結合(連接子と集合体)

　ビットを結合させる場合は，連接子 **&** を使用します．リスト1.6の①は，**std_logic_vector** の要素である **std_logic** を4ビット結合し，4ビットの **std_logic_vector** を作り出しています．②はベクタどうしの結合で，4ビットの信号 **A** と信号 **TMP_B** を結合させて8ビットの信号を作り出しています．

　結合は，左側に書かれたものが左側に，右側に書かれたものが右側になります．この記述の場合，信号 **A** は上位ビット(**7 downto 4**)に代入され，信号 **TMP_B** が下位ビット(**3 downto 0**)に代入されます．

　ビットの結合は，このほかに集合体を使用する方法もあります．集合体は，括弧の中にカンマ(**,**)で区切ることによって代入させます．リスト1.6の①を集合体で記述すると，

```
   TMP_B <= (EN,EN,EN,EN);
```

となります．集合体を用いると，シミュレータや論理合成ツールがビット幅をあいまいであると判断して，エラー・メッセージを出力することがあります．どこまでがあいまいで，どこからが明確なのかは，ツールによって若干のずれがあります．集合体を用いる場合，上記のように式の途中には使用せず，直

〈リスト1.6〉ビット結合の記述（連接子の記述例）

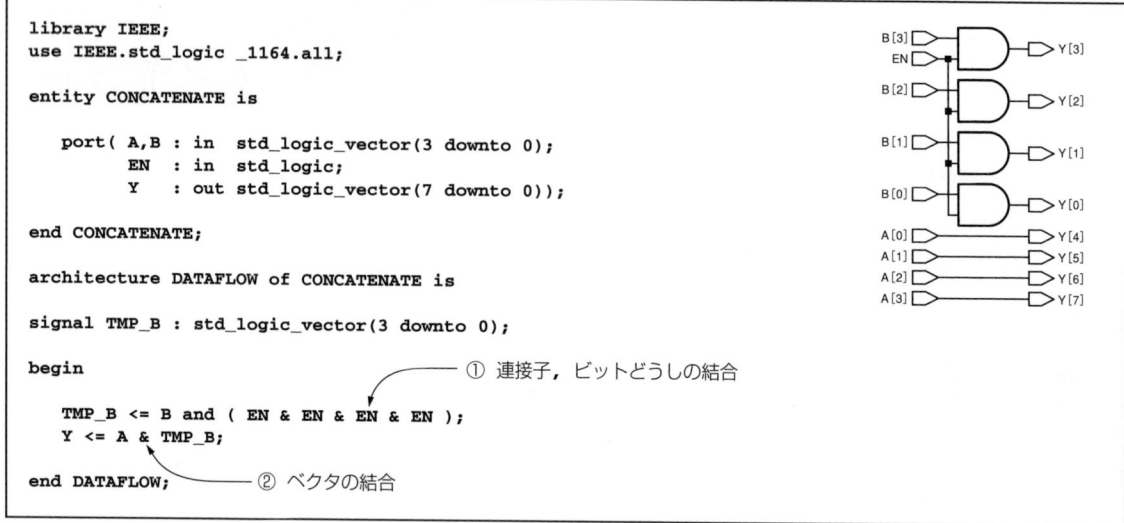

```
library IEEE;
use IEEE.std_logic _1164.all;

entity CONCATENATE is
    port( A,B : in  std_logic_vector(3 downto 0);
          EN  : in  std_logic;
          Y   : out std_logic_vector(7 downto 0));
end CONCATENATE;

architecture DATAFLOW of CONCATENATE is

signal TMP_B : std_logic_vector(3 downto 0);

begin
                              ① 連接子, ビットどうしの結合
    TMP_B <= B and ( EN & EN & EN & EN );
    Y <= A & TMP_B;
end DATAFLOW;        ② ベクタの結合
```

接代入する時のみとしてください．

```
signal EN_4bit : std_logic_vector (3 downto 0);
    ⋮
EN_4bit <= (EN,EN,EN,EN);
TMP_B   <= B and EN_4bit;
```

また，集合体はベクタどうしを結合することはできません．②の記述を，

```
Y <= (A , TMP_B);  -- ERROR
```

と記述するとエラーになります．
　集合体は，ビット位置を指定することもできます．リスト1.6の①は，次の2通りの方法で記述できます．

```
TMP_B <= (3 => EN , 2 => EN , 1 => EN , 0 => EN);
TMP_B <= (3 downto 0 => EN);
```

また，ビット位置指定では**others**（残りのすべて）という便利なオプションもあり，

```
TMP_B <= (others => EN);
```

とも記述できます．**others**はビット位置指定で最後に1度だけ記述することができます．
　もし，2ビット目だけ'0'であれば

```
    TMP_B <= (2=> '0', others => EN);
```

と記述します．

1.6 算術演算子

● 加算器の記述

　リスト**1.7**は，4ビットの加算器の記述です．この回路は，**リスト1.3**で作成したフル・アダーを4個並べて記述することもできます．しかし，算術演算子(**+, -, *, /, mod, rem**)を使用することにより，④のように1行で簡単に記述できます．

　論理合成ツールは，使用するビット長に合わせて最適なアダーを生成するしくみをもっています．したがって，フル・アダーを組み合わせて記述するよりも，このように算術演算子を使用したほうがゲート数が少なくて速い回路を生成できます(p.26のコラム2「回路を最適化させるための基準」を参照)．

　実際にロジック回路を生成できる算術演算子は，**+, -, *** だけです．ビット長が長い場合，算術演算子は単純な記述で大量のロジックを生成するので慎重に使用する必要があります．特に掛け算 ***** を使用した場合は，16ビットで2,000ゲートを超える回路を生成してしまいます．

　/, mod, remは，分母側が2のべき乗の定数の場合のみロジック回路の生成が可能です(p.27のコラム3「わり算のあまり」を参照)．この場合は，ビット・シフト演算になります．

　std_logic_vectorで算術演算を行う際，**+, -**の場合は，左辺と右辺のどちらかと代入させる値が同じビット長でないと文法エラーになります．

　また ***** は，右辺と左辺のビット長を足した値が代入させる値のビット長と同じでないと文法エラーになります．

〈リスト1.7〉4ビット加算器の記述（算術演算子の記述例）

```
library IEEE;                          ← ① ライブラリ宣言（パッケージ呼び出しのために必要）
use IEEE.std_logic_1164.all;           ← ② パッケージ呼び出し（std logicのために必要）
use IEEE.std_logic_unsigned.all;       ← ③ std_logic_vectorで算術演算させるために必要

entity ADDER4 is
    port ( A,B : in  std_logic_vector(3 downto 0);
           Z   : out std_logic_vector(3 downto 0));
end ADDER4;


architecture DATAFLOW of ADDER4 is
begin

    Z <= A + B;                        ← ④ 加算の記述

end DATAFLOW;
```

COLUMN 2 回路を最適化させるための基準

論理合成ツールは，RTL記述から単純にロジック回路を生成するだけではなく，設計者が与えた回路の動作条件（動作スピード，回路面積）に見合うように回路を最適化します．+，-，*などの算術演算子は，設計者が与えた動作条件に基づいて面積優先の回路（リプル・キャリ型アダー）かスピード優先の回路（キャリ・ルックアヘッド型アダー）のどちらかを生成します．

図1.Aは面積優先で生成した回路です．この回路にスピード優先の動作条件を与えると，図1.Bのようなスピード優先の回路を生成します．

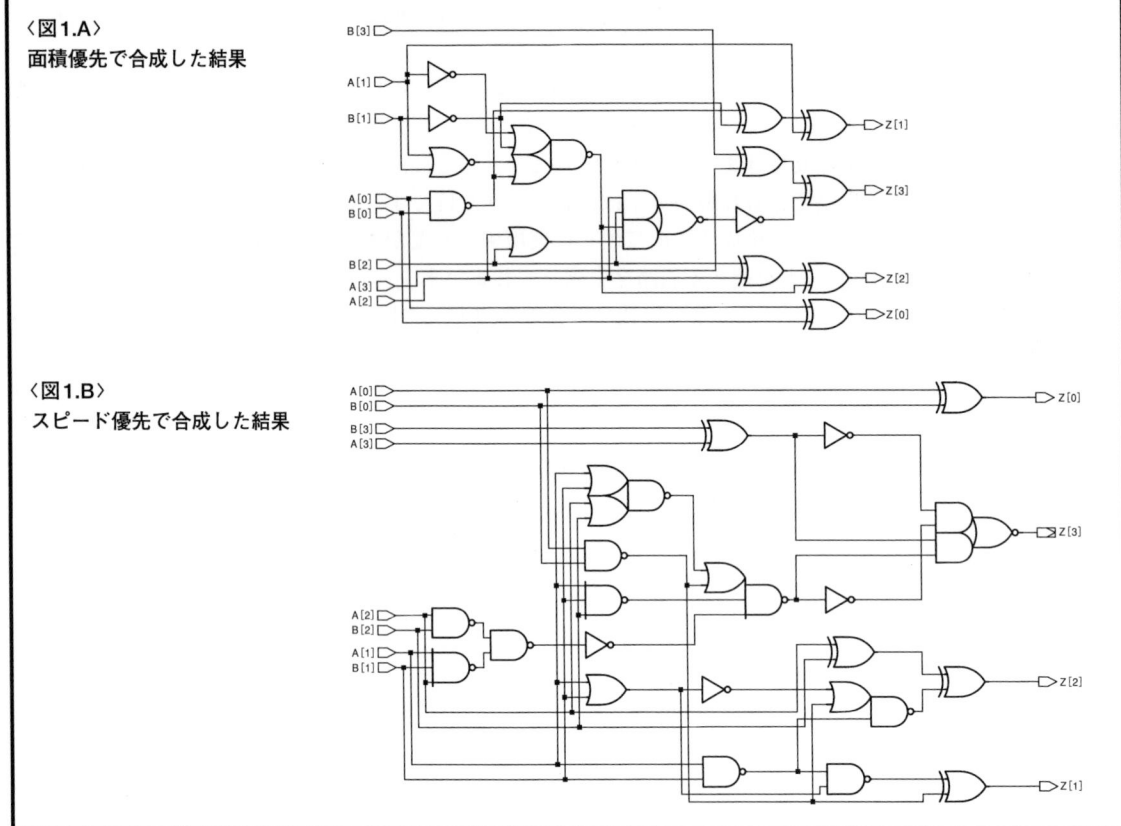

〈図1.A〉
面積優先で合成した結果

〈図1.B〉
スピード優先で合成した結果

● IEEE標準 std_logic, std_logic_vector

ここまで，**std_logic**，**std_logic_vector**を使用してきましたが，実はVHDLの標準データ・タイプとしてロジック型データ・タイプ**bit**があります．しかし，このデータ・タイプは **'0'** と **'1'** の値しかもっていません．また，このデータ・タイプは，不定 **'X'** をもっていないのでシミュレーションには不向きです．さらに，ハイ・インピーダンスをもっていないので，双方向バスをモデル化することができません．そこでIEEEでは，1993年に新しいデータ・タイプ**std_logic**を標準化しました（IEEE Std 1164）．**std_logic**は以下の値をもっています．

COLUMN 3 「わり算のあまり」

　modと**rem**はわり算のあまりで，正の数どうしを演算する場合なら結果は同じです．しかし，どちらかが負の数のときは値が変わってきます．

　A mod Bの場合，結果は**B**の符号をもち，以下の関係式を満たします．

　　A=B*N+(A mod B)　**N**は任意の整数

　A rem Bの場合，結果は**A**の符号をもち，以下の関係式を満たします．

　　A=(A/B)*B+(A rem B);

例：A=10, B=3 →　A mod B=1, A rem B=1
　　A=-10, B=3 →　A mod B=2, A rem B=-1
　　A=11, B=-4 →　A mod B=-1, A rem B=3

'U'	-- 初期値		**'W'**	-- 弱い信号の不定
'X'	-- 不定		**'L'**	-- 弱い信号の0
'0'	-- 0		**'H'**	-- 弱い信号の1
'1'	-- 1		**'-'**	-- don't care
'Z'	-- ハイ・インピーダンス			

　std_logicと**std_logic_vector**はIEEEで標準化された新しいデータ・タイプですが，VHDLの文法上では外付けのデータ・タイプです．すでに紹介したとおり，**std_logic**を使用するためにはリスト1.7の①，②のようにライブラリ宣言，パッケージ呼び出しが必要になります．算術演算は，VHDLの文法では整数型データ・タイプ**integer**と浮動小数点**real**でしか定義されていません．**std_logic_vector**で算術演算をさせるためにはリスト1.7の③のように，

　　use IEEE.std_logic_unsigned.all;

と，もう一つパッケージを呼び出す必要があります．ただし，このパッケージは米国Synopsys社から提供されているもので，IEEE標準ではありません．

　このパッケージを利用することにより，**+，-，*** は，**std_logic_vector**どうし，あるいは**std_logic_vector**と**std_logic**，あるいは**std_logic_vector**と**integer**の演算が可能になります（p.50のコラム4「算術演算とパッケージ」を参照）．

1.7　名付け規則とコメント文

● 名まえの付けかた

　VHDLで使用する名まえ（信号名，ポート名，エンティティ名，アーキテクチャ名など）の付けかたには，以下の規則があります．

〈リスト1.8〉コメント文の記述

```
-- Transistor Technology Product  ⎫
--   Designer : Anpan Man          ⎬ ①
--   Rev      : 1.0 - 1989.12.10   ⎭
--
library IEEE;
use IEEE.std_logic_1164.all;
entity INPL is
   port (
       NTCK : in std_logic;   -- NTSC 4fsc CLOCK  ⎫
       PLCK : in std_logic;   -- PAL 4fsc CLOCK   ⎬ ②
       NVDIN : in std_logic;  -- NTSC Vsync       ⎭
```

- 最初の文字は英字
- 使用できる文字は英字と数字と _
- 続けて _ を使用してはならない．また最後の文字に _ を使用してはならない

VHDL'93では拡張識別子がサポートされました．\で囲めば特殊な文字を使用することができます．

　　\@posedge

　　\を使用したい場合は，\を2回繰り返します．

　　\a\\b

　特殊文字は，論理合成ツールやレイアウト・ツールなどでエラーとなってしまうことがあります．エラーにならなくても名まえが変換され，レイアウト後の回路解析が困難になってしまいます．特殊文字は，特別な事情がない限り使用しないほうがよいでしょう．

　VHDLでは大文字と小文字の区別がありません．いままで紹介したリストでは，すべての語句を大文字で書いても小文字で書いても，または大文字と小文字を混在させても，同じ語句になります．ただし拡張識別子は大文字と小文字を区別します．

　　\VHDL\　\vhdl

は別の名まえと判断されます．

　このほかに，文字定数と呼ばれる '（シングル・クォート）あるいは "（ダブル・クォート）で囲まれた文字も，大文字と小文字を区別します．
std_logic や **std_logic_vector** に不定の値を代入するときだけ注意してください．

```
signal A: std_logic;
signal B: std_logic_vector (3 downto 0);
A <= 'X' ;      -- 小文字 'x' ではエラー
B <= "XXXX" ;   -- 小文字 'xxxx' ではエラー
```

1.7 名付け規則とコメント文　29

● コメント文

　VHDLでは--から行末までがコメント文になります．**リスト1.8**の①のように，その記述の作成者の名まえを入れたり，日付けを入れたり，②のようにその信号の意味や機能などを付加します．

　コメント文はVHDLとしてはいっさい処理されませんが，他のツールとのインターフェースに使用されることもあります．

第2章 プロセス文

2.1 組み合わせロジックを生成するプロセス文

● 同時処理文

第1章で示したような，**architecture - begin**と**end**の間に直接記述されたものを同時処理文といいます．同時処理文は，それぞれが他の同時処理文と関係なく動作します．図2.1に示すとおり，コンポーネント・インスタンス文，信号代入文，そしてこれから紹介するプロセス文の一つ一つが実体として存在し，ロジック回路の一つ一つの部品のようなイメージで並列に動作します．

● プロセス文

プロセス文は，リスト2.1の①の**process()**の中にある信号**X**，**Y**，**Z**，**C**のうちのいずれかの値が変化したときに活性化され，記述の上から順番に処理されます．この**()**内をセンシティビティ・リストと呼びます．最終行まで実行するとまた上に戻り，次にこれらの信号の値が変化するまで動作を停止します．

if文，case文，for-loop文などの順次処理文は，このプロセス文の中で記述することになります．第1章では，同時処理文による論理式のみの記述を紹介しました．この記述の場合，ロジック回路を図面で入力していたのが論理式に置き換わっただけで，HDL設計のメリットはまだ少ないといえます．本章ではプロセス文を使用した，より高度な記述を紹介していきます．

〈図2.1〉同時処理文の動作

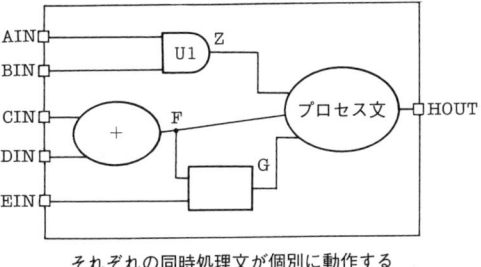

それぞれの同時処理文が個別に動作する

〈リスト 2.1〉
プロセス文の動作

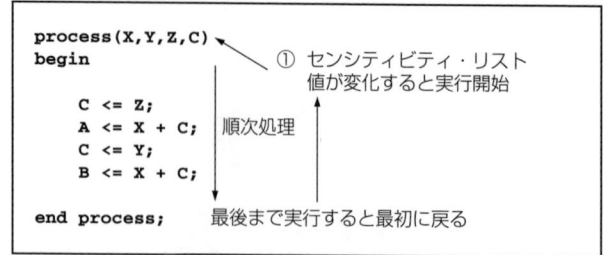

〈リスト 2.2〉AND-ORセレクタの記述（プロセス文の記述例）

```
library IEEE;
use IEEE.std_logic_1164.all;

entity AND_OR_SELECTOR is

  port ( A,B : in  std_logic;
         SEL : in  std_logic;
         Y   : out std_logic);

end AND_OR_SELECTOR;

architecture RTL of AND_OR_SELECTOR is
begin

  process( A , B , SEL ) begin    ── ① 組み合わせロジックを生成させるために
                                       すべての入力信号を記述
    if(SEL = '1') then
                                  ── ② if文の記述．すべての条件を記述
       Y <= A;

    else    ◄───────────────────── ③ else項．残りのすべての条件

       Y <= B;

    end if;
  end process;

end RTL;
```

● 組み合わせロジックを生成するプロセス文

　プロセス文で組み合わせロジックを生成させるためには，センシティビティ・リストにすべての入力信号を記述する必要があります．リスト2.2の①には，プロセス文の中で代入，および条件式に使われる信号**A**，**B**，**SEL**が記述されています．

　リスト2.2の記述は，リスト1.2のAND-ORセレクタ記述をif文に置き換えたものです．②のif文で**SEL**が'1'のとき**A**を出力し，**else**項でそれ以外のとき，すなわち**SEL**が'0'のとき**B**を出力することが一目でわかります．このように，if文を使用して記述すると論理式よりもわかりやすく表現することができます．わかりやすく表現できるということは，単に難しい論理式の作成から設計者を解放するというだけではありません．自分自身で記述したものでも，時間が経つにつれてその詳細を忘れてしまいます．ましてや，大規模な設計では論理が複雑で細かい内容は覚えていないものです．わかりやすく記述することによってデバッグが行いやすくなり，検証作業の負荷を軽減できます．

〈リスト2.3〉4ビット・セレクタの記述（if文の記述例）

```
library IEEE;
use IEEE.std_logic_1164.all;

entity MUX4 is

  port ( INPUT : in std_logic_vector(3 downto 0);
         SEL   : in std_logic_vector(1 downto 0);
         Y     : out std_logic);

end MUX4;

architecture RTL of MUX4 is
begin

  process( INPUT , SEL ) begin     ── ① プロセス文すべての入力信号を記述
    if(SEL = "00") then             ── ② if文 SEL="00"のとき，INPUTのビット0を出力
      Y <= INPUT(0);
    elsif(SEL = "01") then          ── ③ elsif項
      Y <= INPUT(1);
    elsif(SEL = "10") then
      Y <= INPUT(2);
    else                            ── ④ else項. 残りのすべての条件
      Y <= INPUT(3);
    end if;
  end process;

end RTL;
```

2.2 if文の記述

　リスト2.2とリスト2.3はif文の記述例です．組み合わせロジックを生成させるためには，プロセス文のセンシティビティ・リストにすべての入力信号を記述するのに加え，if文の条件項にすべての場合を記述しておく必要があります．もし，すべての場合が記述されていないと，ラッチ動作になってしまいます．例えばリスト2.2の記述で，③の**else**項がなければ，**SEL**が'**1**'のとき，入力信号**A**が変化すると**Y**も変化しますが，**SEL**が'**0**'のときは**A**が変化しても**Y**は変化しません．このような場合，論理合成ツールはラッチ動作とみなし，Dラッチを生成します．もちろん，Dラッチを生成したい場合にはそのように記述するのですが，組み合わせロジックを生成しようとして，誤ってラッチを生成してしまうようなこともあります．

　表2.1にif文の文法を示します．リスト2.2，リスト2.3とも**else**項を使用しています．**else**は残りのすべての場合という意味で，**else**項を記述してあればかならずすべての場合を記述しているということになり，ラッチを生成してしまうという問題はなくなります．

　if文では，**else**項を省略することも可能です．しかし，この場合は，すべての場合を記述しているかどうかを確認する必要があります．

　リスト2.3は，4ビット・マルチプレクサの記述です．マルチプレクサは信号選択回路です．リスト2.2のAND-ORセレクタは，2ビットのマルチプレクサですが，ANDとORが連なった回路なのでこう呼ばれています．

〈表2.1〉
if文の書式

```
if 条件 then            if 条件 then            if 条件 then
   |順次処理文|            |順次処理文|            |順次処理文|
end if ;               else                   elsif 条件 then
                          |順次処理文|            |順次処理文|
                       end if ;               [else
                                                 |順次処理文|]
                                              end if ;
```

　リスト2.3の②では入力信号 **SEL** が "**00**" の条件のとき，入力信号 **INPUT** の0ビット目を出力します．この条件項は **TRUE**(正しい)のときに実行され，**FALSE**(誤り)のときに次の条件に移ります．関係演算子 **=** は，この **TRUE/FALSE** の二つの値をもつデータ・タイプBooleanで出力します．したがって，if文はこの関係演算子(**=, /=, <, >, <=, =>**)および論理演算子と組み合わせて使用します．③では②の条件を満たさない場合，次の条件が実行されます．このとき，**else if** ではなく，**e** が抜けた **elsif** になることに注意してください．④では，**else** で残りのすべての場合として **SEL** が "**00**"，"**01**"，"**10**" でないとき，すなわち **SEL** が "**11**" のときの処理が実行されます．

　このように **SEL** の残りが "**11**" しかないとわかりきっている場合でも，最後は **else** で残りのすべてのケースとして記述するほうが安全です．

2.3　関係演算子

● コンパレータの記述

　前節で述べたように，関係演算子はBooleanタイプ **TRUE/FALSE** で結果を出力します．したがって，**std_logic** や **std_logic_vector** で宣言された信号に直接代入することができません．そのような理由により，ほとんどの場合，if文の中で使用することになります．

　関係演算子は，6種類あります．

　　　= 　/= 　< 　<= 　> 　>=

　このうち，等号 **=** と不等号 **/=** は，すべてのデータ・タイプで使用可能です．その他の関係演算子は，**Integer** と **Real**，**std_logic** などの列挙タイプ，**std_logic_vector** などの配列タイプで使用可能です．また，関係演算子の右辺と左辺は，同じデータ・タイプでなければなりませんが，同じビット幅である必要はありません．

　リスト2.4は，関係演算子 **>** を使用してコンパレータ(比較器)を記述したものです．関係演算子は，算術演算子ほどではありませんが，ビット長が増えると巨大なロジックを生成します．8ビットや16ビットで演算させる場合は，このことを念頭において記述してください．関係演算子 **<=** は信号代入文とまったく同じです．関係演算子か信号代入文かは文脈によって判断されます．

　関係演算子は，ベクタ・タイプ(**std_logic_vector** など)どうしを比較する場合，1番左のビットから順に比較していきます．したがって，1番左側のビットがMSBビットでないと正しい比較ができません．また，ビット長が異なるものを比較する場合には左詰めにします．例えば，4ビットと3ビットを比

〈リスト2.4〉コンパレータの記述（関係演算子の記述例）

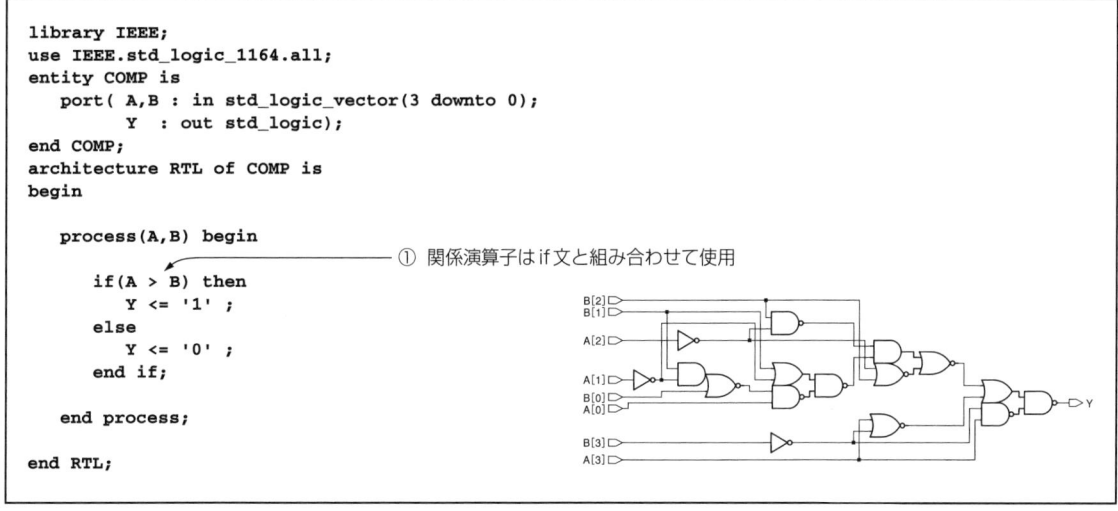

較する場合，

```
signal A:std_logic_vector(3 downto 0);
signal B:std_logic_vector(2 downto 0);

A <= "1100"   -- 12    注：<=は信号代入文
B <= "111"    -- 7
A > B         -- FALSE
```

となりますが，上記のようにAに12，Bに7を代入しても，BよりもAのほうが大きいとは評価されません．

この場合，1番左のビットを比較して，'1'と'1'なので次のビットに移ります．

次のビットも'1'と'1'でまた同じということでさらに次のビットに進みます．次のビットでは，Aが'0'で，Bが'1'なので，AよりもBのほうが大きいと判断されてしまいます．このように，ビット長が異なる配列を比較すると，思わぬ結果になってしまうことがあります．関係演算子を使用する場合には，右辺と左辺のビット幅が同じかどうかを確認してください．また，

```
A <= "1110";
B <= "111";
```

のように3ビット目まで同じ値の場合は，4ビット目のあるほうが大きいと評価されるので，この記述の場合では，Aのほうが大きいと評価されます．

std_logic_vectorの関係演算子は，パッケージstd_logic_unsignedで2重に定義されています（5.4節を参照）．

〈表2.2〉演算子の優先順位

優先順位				
低い ↓	論理演算子	and or nand nor xor	論理積 論理和 論理積の否定 論理和の否定 排他的論理和	論理演算子は，`std_logic`, `std_logic_vector`, `bit`, `bit_vector`, `boolean`で使用可能． 式の右辺と左辺および代入される値は，同一のデータ・タイプで同じ長さでなければならない．
	関係演算子	= /= < > <= >=	等号 不等号 より小さい より大きい より小さいか等しい より大きいか等しい	`=`, `/=`は，ファイル・タイプを除いたすべてのデータ・タイプで使用可能． そのほかは，`Integer`, `Real`, 配列タイプで使用可能．式の右辺と左辺は同一のデータ・タイプでなければならないが，長さは異なってもかまわない． 結果は`Boolean`で返す．
	加算演算子 連接子	+ - &	加算 減算 連接	`+`, `-`は，`Integer`, `Real`で使用可能． `std_logic_vector`は，`std_logic_unsigned`を呼べば可能． `&`は，配列タイプで使用可能．
	単項加算演算子	+ -	正 負	`Integer`と`Real`で使用可能．
	乗算演算子	* / mod rem	乗算 除算 剰余 剰余	`Integer`, `Real`で使用可能． `*`は，`std_logic_unsigned`を呼べば`std_logic_vector`で可能．
↓ 高い		** abs not	べき剰 絶対値 否定	`**`は，左辺が`Integer`, `Real`, 右辺が`Integer`で使用可能． `abs`は，`Integer`, `Real`で使用可能．

このため，このパッケージを呼び出している場合は，`Integer`との比較もできるようになっています．リスト2.3の③の比較は，

```
if(SEL=0) then
  Y <= INPUT(0);
elsif(SEL=1) then
  Y <= INPUT(1);
elsif(SEL=2) then
  Y <= INPUT(2);
else
  Y <= INPUT(3);
end if;
```

と記述することもできます．

● 演算子の優先順位

表2.2にVHDLのすべての演算子とその優先順位を示します．記述する際はこの優先順位に注意して，必要があれば括弧()でくくるようにしてください．

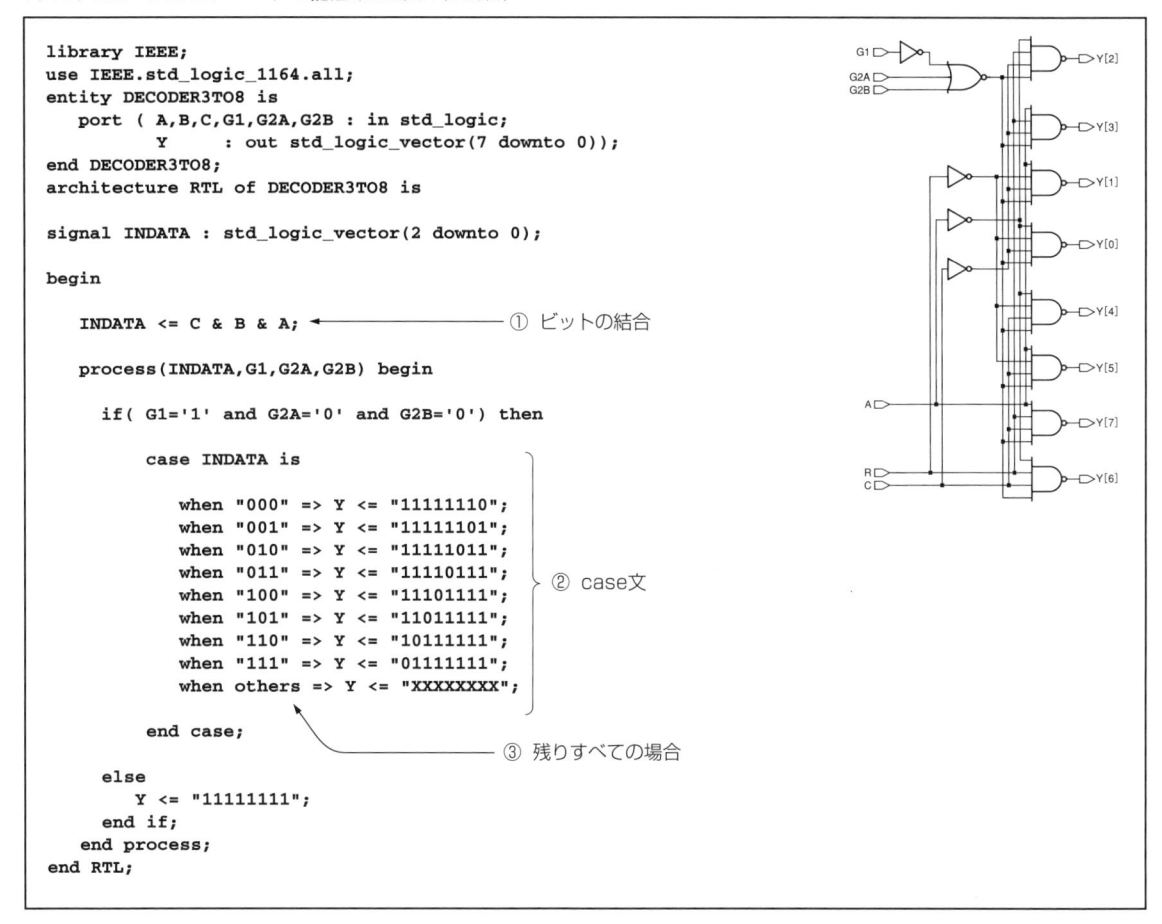

〈リスト2.5〉 3 to 8デコーダの記述（case文の記述例）

```
library IEEE;
use IEEE.std_logic_1164.all;
entity DECODER3TO8 is
   port ( A,B,C,G1,G2A,G2B : in std_logic;
          Y      : out std_logic_vector(7 downto 0));
end DECODER3TO8;
architecture RTL of DECODER3TO8 is

signal INDATA : std_logic_vector(2 downto 0);

begin

   INDATA <= C & B & A;    ←──────── ① ビットの結合

   process(INDATA,G1,G2A,G2B) begin

     if( G1='1' and G2A='0' and G2B='0') then

         case INDATA is

            when "000" => Y <= "11111110";
            when "001" => Y <= "11111101";
            when "010" => Y <= "11111011";
            when "011" => Y <= "11110111";          ② case文
            when "100" => Y <= "11101111";
            when "101" => Y <= "11011111";
            when "110" => Y <= "10111111";
            when "111" => Y <= "01111111";
            when others => Y <= "XXXXXXXX";

         end case;
                              ───────── ③ 残りすべての場合
     else
         Y <= "11111111";
     end if;
   end process;
end RTL;
```

2.4 case文の記述

● 74LS138の記述

　リスト2.5はif文とcase文を使用してTTLの74LS138（3 to 8のデコーダ）をモデル化したものです．デコーダとは8進や16進の数を分解し，2進数にする回路のことです．

　逆に2進数を8進や16進にする回路はエンコーダと呼ばれ，こちらの回路もよく使用されます．case文は，

　　　when 値 => 文　　　（注：=>は関係演算子ではない）

という形式で記述していきます．

　if文の場合は，最初の条件が処理されたあと，次の条件が処理されますが，case文の場合は値の順番がなく，すべてが並列に処理されます．したがって，一度**when**項に記述した値を，そのあとで再び使用す

〈表2.3〉
case文の書式

```
case 式 is
    条件式
end case;
条件式: when 値 => 順次処理文
        when 値 | 値 | 値… => 順次処理文
        when 値 to 値 => 順次処理文
        when others => 順次処理文

注: when othersは最後の行に1回のみ使用可能
値は重なりがあってはならない．また，式のとりうるすべての値を記述しなければならない．
```

ると文法エラーになってしまいます．値が重複しないように注意してください．また，すべての場合を記述しないと文法エラーになります．

　リスト2.5の③のothersは，残りすべての場合という意味になります．この記述の場合，when項でINDATAのとりうる値のすべてを記述しているので，この行は省略できません．

　なぜかというと，INDATAはstd_logicのベクタ・タイプstd_logic_vectorなので，'0'，'1'の値のほかに'X'，'Z'，'U'などの値をもっています．これらの値はロジック回路生成のための意味はありませんが，case文ではこれらすべての場合を記述しなければなりません．ただ，すべての場合を記述することはたいへんなので，この記述のようにothersで対応します．'1'，'0'以外の値が入力されるということなので出力は不定'X'（'1'か'0'かわからない）を記述します．

　出力値が同じになる条件があるときは，表2.3に示すとおり|を使用して記述を省略することができます．また，同じ出力値が入力値の値で連続して続く場合にはtoが利用できます．

● don't care出力0

　リスト2.6は，バイナリ-デシマル・エンコーダの記述例です．エンコーダは，デコーダとは逆にINPUTの2進数から10進数に変換します．①のothersでの不定'X'の代入は，リスト2.5の代入とは意味合いが異なります．リスト2.5ではothersの前に想定されるすべての入力が記載されているので，ロジック回路生成には何も影響を及ぼしません．

　それに対してリスト2.6では，othersの前にすべての入力が記述されていません．この場合，論理合成ツールは出力信号Yが'0'を出力しても'1'を出力してもよいと考えて回路を簡略化します（don't care出力）．入力信号INPUTの各ビットが同時に二つ以上'0'になることはないと考えれば，Yの値には何を代入してもよいということになります．また，シミュレーションでは同時に二つ以上が'0'になれば，出力信号Yは不定'X'になるので，不正入力があるかどうかをチェックすることができます．

　リスト2.6の①を，

```
when others => Y <= "111";
```

と書き換えると図2.2の回路が生成されます．リスト2.6で生成された回路図に比べてかなり大規模な回路になっているのがわかると思います．このように不要なケースでの出力をdon't careにすることによって回路規模を小さくすることができます．

〈リスト2.6〉バイナリ-デシマル・エンコーダの記述（don't careの記述例）

```
library IEEE;
use IEEE.std_logic_1164.all;

entity ENCODER is
    port ( INPUT : in  std_logic_vector(7 downto 0);
           Y     : out std_logic_vector(2 downto 0));
end ENCODER;

architecture RTL of ENCODER is
begin

    process(INPUT) begin

        case INPUT is

            when "01111111" => Y <= "000";
            when "10111111" => Y <= "001';
            when "11011111" => Y <= "010";
            when "11101111" => Y <= "011";
            when "11110111" => Y <= "100";
            when "11111011" => Y <= "101";
            when "11111101" => Y <= "110";
            when "11111110" => Y <= "111";
            when others     => Y <= "XXX";

        end case;

    end process;

end RTL;
```

① don't care出力

〈図2.2〉
don't careを使用しない場合に合成される回路

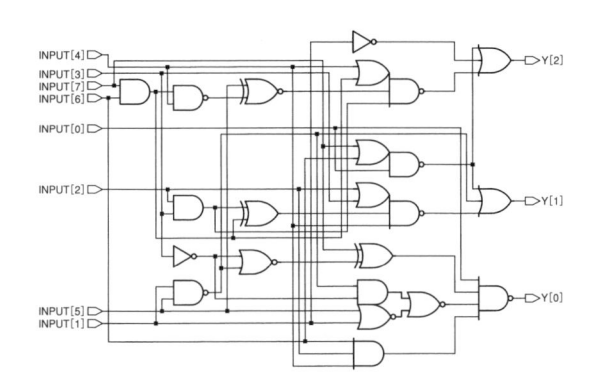

● プライオリティ・ロジック

リスト2.6のエンコーダは，入力信号が同時に二つ以上 '0' にならないという前提で記述してあります．これに対して，二つ以上が同時に '0' になった場合を考えたのが，リスト2.7の記述です．優先順位はビット0からで，ビット0が '0' であれば他の信号がどんな値でも "111" を出力します．ビット1が '0' の場合は，0ビット目が '0' でなければ "110" を出力します．このようにビットに優先順位が付いたエンコーダを，プライオリティ・エンコーダと呼びます．このエンコーダの真理値表は，表2.4のようになります．

〈リスト2.7〉プライオリティ・エンコーダの記述（if文の記述例）

```
library IEEE;
use IEEE.std_logic_1164.all;
entity PRIORITYENCODER is
    port ( INPUT : in  std_logic_vector(7 downto 0);
           Y     : out std_logic_vector(2 downto 0));
end PRIORITYENCODER;
architecture RTL of PRIORITYENCODER is
begin

    process(INPUT) begin
        if(INPUT(0)='0') then
            Y <= "111";
        elsif(INPUT(1)='0') then
            Y <= "110";
        elsif(INPUT(2)='0') then
            Y <= "101";
        elsif(INPUT(3)='0') then
            Y <= "100";
        elsif(INPUT(4)='0') then
            Y <= "011";
        elsif(INPUT(5)='0') then
            Y <= "010";
        elsif(INPUT(6)='0') then
            Y <= "001";
        else
            Y <= "000";
        end if;
    end process;

end RTL;
```

〈表2.4〉プライオリティ・エンコーダの真理値表

入力								出力		
7	6	5	4	3	2	1	0	2	1	0
-	-	-	-	-	-	-	0	1	1	1
-	-	-	-	-	-	0	1	1	1	0
-	-	-	-	-	0	1	1	1	0	1
-	-	-	-	0	1	1	1	1	0	0
-	-	-	0	1	1	1	1	0	1	1
-	-	0	1	1	1	1	1	0	1	0
-	0	1	1	1	1	1	1	0	0	1
-	1	1	1	1	1	1	1	0	0	0

入力側の－はdon't care（1でも0でもかまわない）を意味する

　VHDLの言語仕様では，現在のところ入力側にdon't careを記述することができません．このような場合には，**リスト2.7**のようにif文を使用し，プライオリティ・ロジックを記述していきます．逆に言えば，if文では不必要なプライオリティ・ロジックが付加されてしまうこともあるので，必要に応じてif文とcase文を使い分けてください．
　IEEEでは，don't careを文法仕様に組み入れる検討がなされています．将来的には**リスト2.7**の記述は，そのままcase文で記述可能になります．

〈表2.5〉
loop文の書式

```
［ラベル：］for ループ変数 in 不連続範囲 loop
    <順次処理文>
end loop ［ラベル］；

［ラベル：］while 条件 loop
    <順次処理文>
end loop ［ラベル］；

loop文内部では  next ［ラベル］［when条件］：現行回をスキップ
                exit ［ラベル］［when条件］：ループの外に抜けるが使用可能
```

2.5 for-loop文の記述

　VHDL記述中において規則的に繰り返し使用するものは，loop文によって記述回数を減らすことができます．表2.5のようにloop文には，for-loop文とwhile-loop文があります．両方ともロジック回路を生成させることが可能ですが，while-loop文はRTL記述ではあまり利用しません．ここではfor-loop文のみを紹介します．

　リスト2.8はfor-loop文でパリティ・チェッカを記述した例です．リスト1.5で紹介したパリティ・チェッカのビット長が増えたような場合には，このようにfor-loop文を使用することで記述量を減らすことができます．

　①は変数宣言です．信号宣言**signal**がアーキテクチャ宣言内で行うのに対し，変数宣言はプロセス文の内部で行い，プロセス文内のローカルな変数になります．変数宣言された変数は，=によって値が代入されます．

　②がfor文です．③の**I**はループ変数と呼ばれ，この変数は信号宣言や変数宣言されたものではなく，この記述で初めて登場する変数です．ループ変数は，整数の変数ですがデータ・タイプをもたず，信号でも変数でもない特殊なものです．④のように配列のビット数の指定や関係演算子を用いて数値の比較に使用されます．④では変数TMPに**'0'**をセットし，その後，for文によってAの各ビットを1ビットずつXORしています．この記述によって生成される回路は，リスト2.8の左下の図になります．XORが直列に並び，動作速度の遅い回路が生成されます．論理合成ツールは左の回路を右のように修正し，並列的にXORを使用した回路に最適化してくれます．しかし，この機能にも限界があります．ループ回数が多くなりすぎると最適化能力が弱まり，すべてを並列化できなくなります．20段，30段といった多段のループの使用は避けてください．

　⑤では，計算された**TMP**の値を信号**Y**に単純に代入しています．変数は，プロセス文内部のローカルな変数なので，このように信号に再代入して出力します．

　for-loop文は，プロセス文内よりもサブプログラム（ファンクション文，プロシージャ文）でよく利用されます．第5章では，サブプログラム内で使用されるfor-loop文の例を数多く示すので，そちらを参照してください．

〈リスト2.8〉8ビット・パリティ・チェッカの記述（for-loop文の記述例）

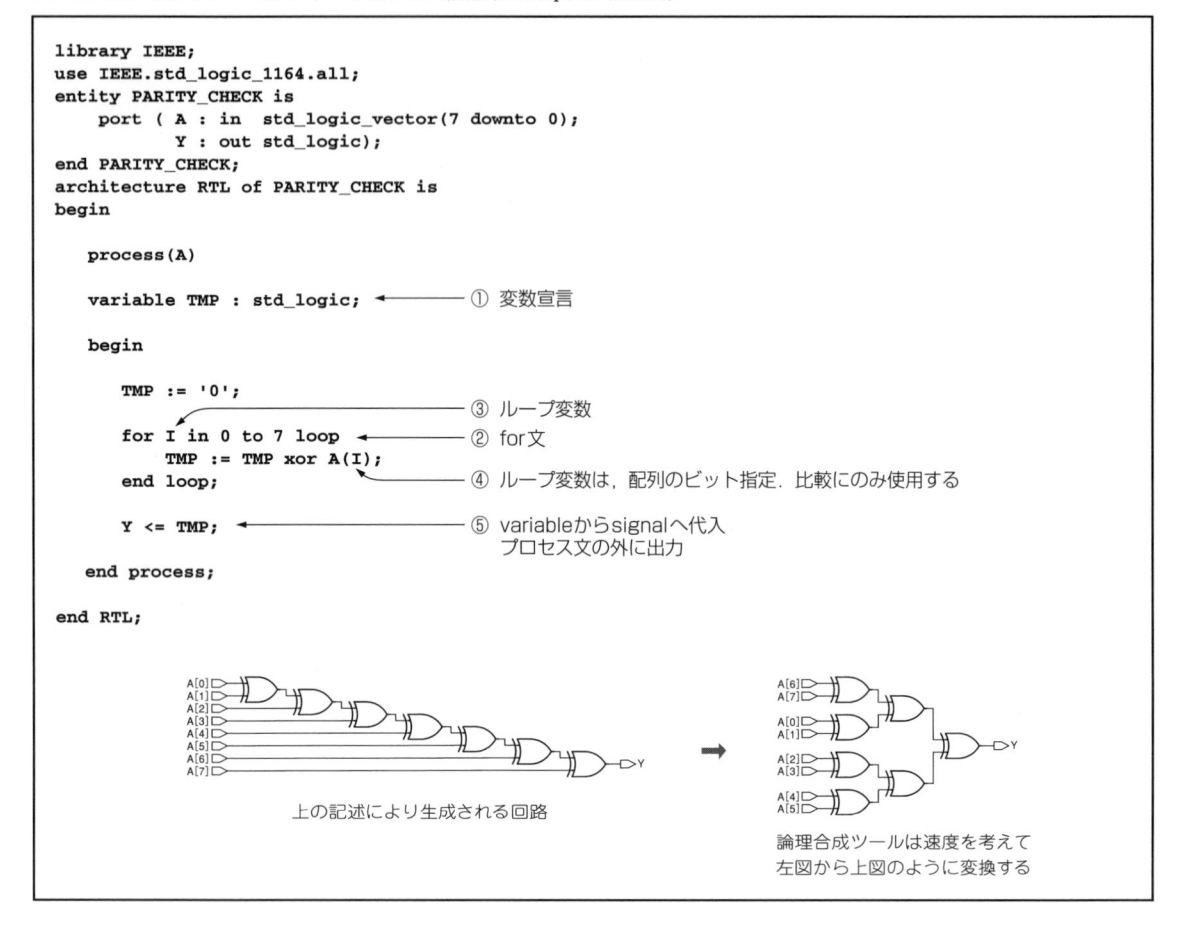

```
library IEEE;
use IEEE.std_logic_1164.all;
entity PARITY_CHECK is
    port ( A : in  std_logic_vector(7 downto 0);
           Y : out std_logic);
end PARITY_CHECK;
architecture RTL of PARITY_CHECK is
begin

    process(A)

    variable TMP : std_logic;   ←――――― ① 変数宣言

    begin

        TMP := '0';
                                         ③ ループ変数
        for I in 0 to 7 loop    ←――――― ② for文
            TMP := TMP xor A(I);
        end loop;               ←――――― ④ ループ変数は，配列のビット指定．比較にのみ使用する

        Y <= TMP;               ←――――― ⑤ variableからsignalへ代入
                                         プロセス文の外に出力

    end process;

end RTL;
```

上の記述により生成される回路

論理合成ツールは速度を考えて
左図から上図のように変換する

2.6　3ステート・バッファの記述

　3ステート・バッファは，ある入力信号の条件で出力信号に'Z'を代入することによって実現します．リスト2.9の①では，入力信号Y1が'1'のときはD1を出力し，'0'のときは'Z'を出力させて3ステート・バッファをOFFにするというわけです．

　一つのプロセス文は，一つのドライバ出力を持ちます．したがって，一つの信号に対して二つのプロセス文で信号代入が行われると，ワイヤードANDを生成してしまいます．双方向でない信号は，一つのプロセス文の中だけで代入を行う必要があります（リスト2.10）．双方向の信号は，この3ステート・バッファのプロセス記述を複数回記述していくことになります．②では，入力信号Y1が'0'でYが'1'のときのみ，入力信号D2をTBUSに出力します．Y1信号でマスクすることによって，信号TBUSが同時に'1'か'0'でドライブされることがないように記述しています．

　一つの信号に対して複数のドライブを持たせる場合には，その信号をリゾーブ・タイプにしなければなりません．リゾーブ・タイプは，二つ以上の信号がドライブされたときに，どの値を出力するかを定

2.6 3ステート・バッファの記述

〈リスト2.9〉3ステート・バッファの記述（複数ドライブの記述例）

```
library IEEE;
use IEEE.std_logic_1164.all;
entity TRISTATE is
  port ( Y1,Y2,D1,D2 : in std_logic;
         TBUS : out std_logic);
end TRISTATE;
architecture RTL of TRISTATE is
begin

  process(Y1,D1) begin

    if(Y1='1') then
       TBUS <= D1;
    else
       TBUS <= 'Z';        ← ① TBUSに'Z'を代入して3ステート・バッファを生成
    end if;
  end process;

  process(Y1,Y2,D2) begin

    if(Y1='0' and Y2='1') then
       TBUS <= D2;          ← ② D1とD2が同時に出力されないようにマスクしている
    else
       TBUS <= 'Z';
    end if;

  end process;

end RTL;
```

〈リスト2.10〉
プロセス文をまたがって出力の記述を行ってはいけない

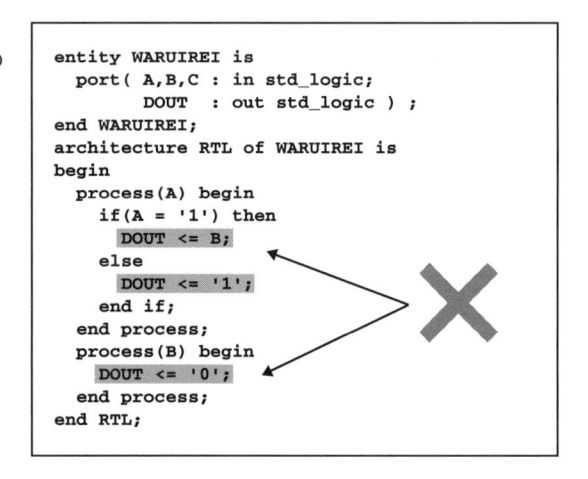

```
entity WARUIREI is
  port( A,B,C : in std_logic;
        DOUT  : out std_logic ) ;
end WARUIREI;
architecture RTL of WARUIREI is
begin
  process(A) begin
    if(A = '1') then
       DOUT <= B;
    else
       DOUT <= '1';
    end if;
  end process;
  process(B) begin
       DOUT <= '0';
  end process;
end RTL;
```

義するデータ・タイプです（8.8節）．**std_logic**，**std_logic_vector**はリゾーブ・タイプですが，**Integer**，**bit**，**bit_vector**，**Boolean**はリゾーブ・タイプではないので，複数のドライブを持たせることはできません．

〈リスト2.11〉
フリップフロップの記述

```
library IEEE;
use IEEE.std_logic_1164.all;
entity DFF is
    port ( CLK,D : in  std_logic;
           Q     : out std_logic
         );
end DFF;
architecture RTL of DFF is
begin
                           ① センシティビティ・リスト
                             にCLKのみ記述
    process (CLK) begin

        if(CLK'event and CLK='1') then
            Q <= D;          ② 立ち上がり
                               エッジの検出
        end if;

    end process;
end RTL;
```

2.7　順序回路の記述

● フリップフロップを生成させる記述

　いままで組み合わせロジックを生成させる記述を紹介してきましたが，ロジック回路設計にはそのほかに，ラッチ（Dラッチ），フリップフロップといった順序回路も必要です．

　リスト2.11の記述は立ち上がりエッジのフリップフロップを生成します．

　①のようにプロセス文のセンシティビティ・リストにはクロックしか記述されていないので，このプロセス文はクロック・エッジによって動作することになります．さらに②のif文で立ち上がりエッジのみの検出を行い，入力データDを出力Qに代入しています．

　クロックの立ち下がりエッジで動作するフリップフロップを生成させるには，②の`CLK='1'`を`CLK='0'`にします．

　リスト2.11の記述のほか，リスト2.12の記述でもフリップフロップを生成させることができます．リスト2.12の①のように，今度はプロセス文のセンシティビティ・リストには何も記述しません．②の`wait until`は，`CLK'event and CLK='1'`が真になるまで実行を停止するという意味です．したがって，クロック・エッジの立ち上がりごとに入力データDはQに代入されることになります．

　これら二つの記述以外にもフリップフロップの動作を記述する方法はありますが，論理合成ツールによって実際にロジックを生成させるには，これら二つのうちのいずれかの記述を使う必要があります．フリップフロップを生成させる記述は，論理合成ツールによって若干異なります．ここで紹介している記述は，米国Synopsys社の論理合成ツールで要求されるものです．

　2.2節で，組み合わせ回路を生成させる場合に誤ってラッチ（CLKが`'0'`または`'1'`のときはスルー状態になる）を生成させないように注意してくださいと述べましたが，逆にif文にすべての場合を記述しなければラッチが生成されます．ただ，大規模な設計でラッチを使用するとタイミングの制御が難しくなるので，基本的にフリップフロップのみを生成させるように記述することをお勧めします．

　もし，スピードや面積の問題があってラッチを使用したい場合は，RTL記述でラッチを生成させるの

〈リスト2.12〉wait文を使用したフリップフロップの記述

```
library IEEE;
use IEEE.std_logic_1164.all;
entity DFF is
    port ( CLK, D : in  std_logic;
           Q      : out std_logic
         );
end DFF;
architecture RTL of DFF is
begin

    process begin
                                   ① センシティビティ・リストには何も記述しない

        wait until CLK'event and CLK='1' ;
                                   ② 立ち上がりエッジまで実行を停止
        Q <= D;

    end process;
end RTL;
```

〈リスト2.13〉強制リセットの記述

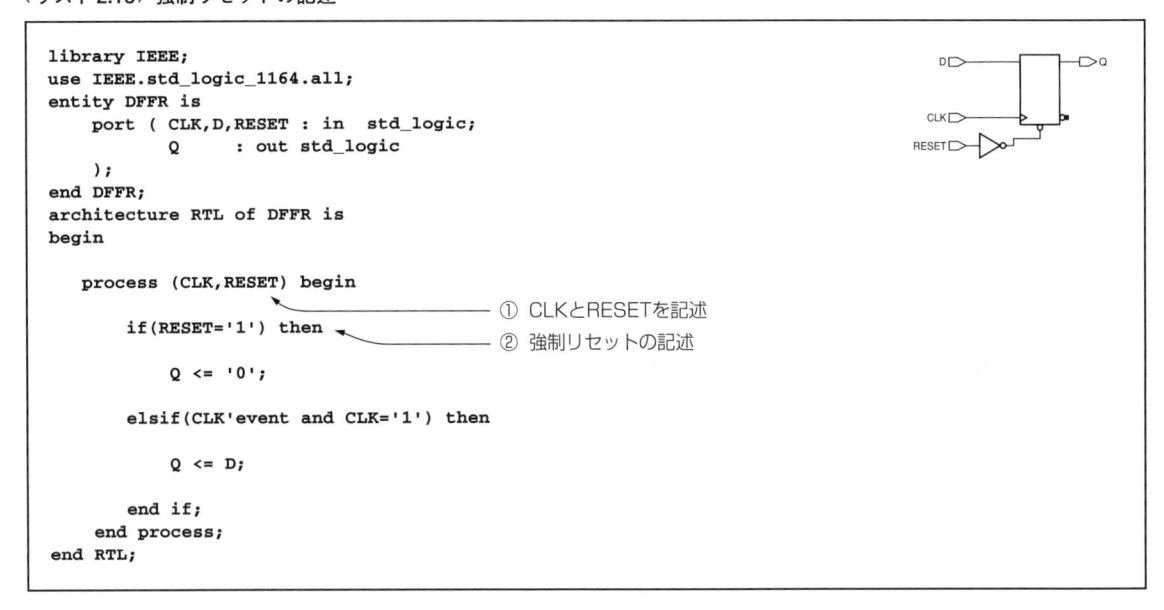

```
library IEEE;
use IEEE.std_logic_1164.all;
entity DFFR is
    port ( CLK,D,RESET : in  std_logic;
           Q           : out std_logic
         );
end DFFR;
architecture RTL of DFFR is
begin

    process (CLK,RESET) begin
                                   ① CLKとRESETを記述
        if(RESET='1') then
                                   ② 強制リセットの記述
            Q <= '0';

        elsif(CLK'event and CLK='1') then

            Q <= D;

        end if;
    end process;
end RTL;
```

ではなく，ラッチのセルをコンポーネント・インスタンス文で直接記述することをお勧めします．なぜかというと，ラッチ生成の記述は組み合わせ回路の記述と似ていて誤りやすく，また強制(非同期)リセット/セットを使用する場合の制御も難しくなるからです．

● 強制リセットの記述

　フリップフロップに強制リセットを付加する場合は，**リスト2.13**の①のようにプロセス文のセンシティビティ・リストにクロック**CLK**と強制リセット入力**RESET**を記述します．強制リセットは**CLK**よりも優先させるので，②のif文でまずリセットONの状態**RESET='1'**を記述し，リセットONの状態であれ

〈リスト2.14〉強制セット/リセットの記述

```
library IEEE;
use IEEE.std_logic_1164.all;
entity DFFSR is
    port ( CLK,D,SET,RESET : in std_logic;
           Q      : out std_logic
    );
end DFFSR;
architecture RTL of DFFSR is
begin

    process (CLK,SET,RESET) begin
        if(SET='0') then
            Q <= '1';
        elsif(RESET='0') then
            Q <= '0';
        elsif(CLK'event and CLK='1') then

            Q <= D;

        end if;

    end process;
end RTL;
```

〈リスト2.15〉同期リセットの記述

```
library IEEE;
use IEEE.std_logic_1164.all;
entity SYNCR is
    port ( CLK,RESET,D : in std_logic;
           Q      : out std_logic
    );
end SYNCR;
architecture RTL of SYNCR is
begin
    process (CLK) begin
        if(CLK'event and CLK='1') then
            if(RESET='1') then
                Q <= '0';
            else
                Q <= D;
            end if;
        end if;
    end process;
end RTL;
```

ばクロックの値にかかわらず出力Qがクリア（'0'を代入）されるようにします．それに続いて，リスト2.11と同様のクロックの立ち上がり検出を行います．

　リスト2.14は，強制リセットと強制セットの両方を記述した例です．この場合は，セットもリセットと同じようにクロックの立ち上がり検出の前に記述します．セットとリセットは，どちらを先に記述してもかまいません．

　同期リセットを記述する場合は，リスト2.15のようにリセットのif文をクロックの立ち上がり記述のif文の中に記述します．

〈リスト2.16〉同期リセットを含んだ回路の記述

```
library IEEE;
use IEEE.std_logic_1164.all;
entity ASYNCRST is
    port( CLK,RST,EN : in std_logic;
          Q : out std_logic);
end ASYNCRST;
architecture RTL of ASYNCRST is
signal U1, U2 : std_logic;
begin
    Q <= U2;
    process (CLK) begin
       if(CLK'event and CLK='1') then
          if(RST='0') then
             U2 <= '1';
          elsif(U2='1') then
             U2 <= not EN;
          else
             U2 <= not U1;
          end if;
       end if;
    end process;

    process (CLK) begin
       if(CLK'event and CLK='1') then
          if(RST='0') then
             U1 <='0';
          else
             U1 <= not U1;
          end if;
       end if;
    end process;
end RTL;
```

〈図2.3〉同期リセット付き回路

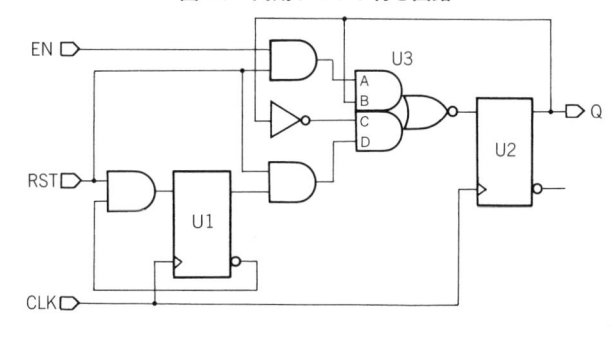

　RTL記述による設計は，同期式回路の設計に向いています．非同期式回路もRTL記述によって実現できますが，実際にはロジック・ゲートをじかに配置しなければならなかったり，あるいは論理合成ツールで特殊な設定を行わなければならなくなります．

　強制（非同期）リセットを利用することは，同期式回路の設計に非同期の部分を取り込むことになるので，あまり積極的に用いるべきではないと言われています．しかし，強制リセットはゲート・レベル・シミュレーションでは重要になってきます．

　フリップフロップの値は最初 'U' になっています．シミュレーションを行う場合，初期リセット信号でこの値を '0' か '1' に確定させる必要があります．

　リスト2.16の記述をシミュレーションする場合，U2はリセット信号RSTが入力されれば他の入力信号にどのような値が入力されても '1' で確定します．ここで，論理合成ツールによってこの記述から図2.3の回路が生成されたとします．この場合，U3の入力B，Cにはフリップフロップu2の出力 'U' が入力されています．このセルに 'U' が2本入力されると，他の入力がどんな値であっても出力は 'U' になってしまいます．U3の出力が 'U' であればフリップフロップU2の出力は 'U' になり，いつまでたっても変化しないためシミュレーションできなくなります．

　もちろん，この現象はつねに発生するわけではありません．また，使用するASICのセル構造にも依存します．しかし，逆に同期リセットでかならず値が確定できるという保証はありません．このため，回路の初期リセット信号は，非同期セット端子かリセット端子に入力するのが一般的です．

第3章
カウンタの記述とシミュレーション

　第1章，第2章でRTL記述で基本となる文法を紹介してきました．
　ロジック回路を設計するためのVHDL言語の知識としてはこれでほぼ十分です．あとは，いままでの記述を組み合わせることで，実際の回路を設計することができます．これまでロジック設計でよく登場するマルチプレクサ，デコーダ，エンコーダ，コンパレータなどの部品の記述例を紹介してきましたが，RTL記述による設計ではこのような小さな部品を作って回路上に並べるといったことはしません．設計者は出力信号の意味を考え，その論理に見合う回路をそのつど考えて記述していきます．
　第3章ではプロセス文の記述の応用編として，カウンタの記述をいくつか紹介します．カウンタの記述もいろいろな場合に備えて万能カウンタを用意しておくのではなく，記述の異なるカウンタを，用途に合わせてそのつど記述していくことになります．
　RTL記述を行ったものは，シミュレータによって動作を検証することができます．本章ではカウンタの回路を実際にシミュレーションする具体例も紹介していきます．

3.1　同期式カウンタ

● 同期式カウンタの記述方法

　カウンタには，リプル・カウンタ，同期式カウンタ，ジョンソン・カウンタ（3.3節），グレイ・コード・カウンタ（5.5節）などの種類がありますが，RTL記述では同期式カウンタが基本になります．
　リスト3.1は，4ビットの同期式カウンタ（バイナリ・カウンタ）の記述です．同期式カウンタは，⑤のようにフリップフロップを生成させる記述の中に，加算演算子 + を使用してクロックの立ち上がりエッジごとに COUNTIN に '1' を加算するように記述します．このように，RTL記述では算術演算子 +，- を使用することにより，簡単にカウンタを生成させることができます．
　通常，+ を記述した場合は加算器（フル・アダー）が，- を記述した場合は減算器が生成されますが，カウンタのように '1' ずつ加減算する場合は，インクリメンタやデクリメンタが生成されます．
　算術演算子を使用しているため，①のように IEEE.std_logic_unsigned のパッケージを呼び出しています（p.50のコラム4「算術演算とパッケージ」を参照）．

● OUTポートへの再代入
　1.2節で紹介したようにポートの方向は5種類あります．②の COUNT 信号は OUT を使用しています．

VHDLでは，方向**OUT**を指定した場合は，エンティティ内部でその値を使用することができないという規則になっています．

そのため，アーキテクチャの内部では**COUNT_IN**を使用し，③でカウンタの出力値**COUNT_IN**を**COUNT**に再代入してエンティティの出力にしています．ポートの方向は，**OUT**の代わりに**BUFFER**（内部で再利用可能）を使用する方法もありますが，1.2節で述べたように使用しにくい面もあるので，通常はこのように**OUT**ポートに再代入して使用します．

カウンタ**COUNT_IN**は，初期値を代入しないと値が確定しないため，シミュレーションできません．⑤で**COUNT_IN**の最初の値が"**UUUU**"であれば，クロックの立ち上がりエッジで新しく代入される**COUNT_IN**の値も"**UUUU**"になってしまいます．このため，シミュレーション実行時には，最初**RESET**に'**1**'を代入して**COUNT_IN**の値を"**0000**"に確定させる必要があります．

COLUMN 4　算術演算とパッケージ

　std_logic_vectorで算術演算を行うためには，パッケージ**std_logic_unsigned**を呼び出す必要があります．**std_logic_unsigned**を呼んだ場合には，**std_logic_vector**を**unsigned**（符号ビットなし）として算術演算を行います．符号ビット付きの演算を行う場合には，パッケージ**std_logic_unsigned**を呼びます．

```
library IEEE;
use IEEE.std_logic_1164.all;
use IEEE.std_logic_signed.all;
```

　std_logic_unsignedと**std_logic_signed**を同時に呼ぶことはできません．したがって，符号付きと符号なしの演算を同時に行うことはできません．同時に両方を使用する場合はパッケージ**std_logic_arith**を使用します．

　このパッケージを呼んだ場合，算術演算は**unsigned**, **signed**と呼ばれるデータ・タイプに変換して演算します．変換にはデータ・タイプ変換（4.8節）を使用して，

```
library IEEE;
use IEEE.std_logic_1164.all;
use IEEE.std_logic_signed.all;
entity FOO is
  port(A,B,C,D:in std_logic_vector(15 downto 0);
       S1,S2:out std_logic_vector(15 downto 0);
architecture RTL of FOO is
begin
  S1 <= signed(A)+signed(B);
  S2 <= unsigned(A)+unsigned(B);
end RTL;
```

と記述します．

　このほかに，**std_logic_arith**と**std_logic_unsigned**の両方を使用し，符号付き演算が必要になった場合のみ，データ・タイプ**signed**に変換する方法もあります．

```
library IEEE;
use IEEE.std_logic_1164.all;
use IEEE.std_logic_arith.all;
use IEEE.std_logic_unsigned.all;
entity FOO is
  port(A,B,C,D:in std_logic_vector(15 downto 0);
       S1,S2:out std_logic_vector (15 downto 0);
architecture RTL of FOO is
begin
  S1 <= CONV_STD_LOGIC_VECTOR (S1_IN,15);
  S1_IN <= signed(A)+signed(B);
  S2 <= A+B;           -- unsignedの演算
end RTL;
```

3.1 同期式カウンタ

2.7節で述べたように，初期リセットは強制リセットとして記述します．④がその記述にあたります．COUNT_INに"0000"を代入していますが，この記述は，集合体(1.5節)を使用して，

```
COUNT_IN <= (others => '0')
```

あるいは，

```
COUNT_IN <= (4 downto 0 => '0');
```

と記述することもできます．ビット長が増えた場合には，このような記述を使用するほうが便利です．

〈リスト3.1〉4ビット同期カウンタの記述（インクリメンタの記述例）

```vhdl
library IEEE;
use IEEE.std_logic_1164.all;
use IEEE.std_logic_unsigned.all;     ← ① 算術パッケージの呼び出し

entity COUNT4 is
   port (CLK,RESET : in std_logic;
         COUNT : out std_logic_vector(3 downto 0)
   );                                    ② COUNTはoutで出力
end COUNT4;

architecture RTL of COUNT4 is

signal COUNT_IN : std_logic_vector(3 downto 0);

begin

   COUNT <= COUNT_IN;     ← ③ ②でoutを使用しているため，
                             再代入して出力
   process (CLK, RESET) begin

      if(RESET='1') then        ← ④ 強制リセット記述

         COUNT_IN <= "0000";

      elsif(CLK'event and CLK='1') then

         COUNT_IN <= COUNT_IN + '1';  ← ⑤ 同期カウンタの記述

      end if;

   end process;
end RTL;
```

〈リスト3.2〉イネーブル付き12進カウンタの記述

```
library IEEE;
use IEEE.std_logic_1164.all;
use IEEE.std_logic_unsigned.all;

entity COUNT4EN is
   port ( CLK,RESET,EN : in std_logic;
          COUNT : out std_logic_vector(3 downto 0)
   );
end COUNT4EN;

architecture RTL of COUNT4EN is
signal COUNT_IN : std_logic_vector(3 downto 0);
begin

   COUNT <= COUNT_IN;

   process (CLK,RESET) begin

      if(RESET='1') then

         COUNT_IN <= "0000";

      elsif(CLK'event and CLK='1') then

         if(EN = '1') then          ── ① イネーブル信号の記述
                                    ── ② カウンタの戻り値を設定
            if (COUNT_IN ="1011")then      12進カウンタ
               COUNT_IN <="0000";
            else
               COUNT_IN <= COUNT_IN + '1';
            end if;
         end if;

      end if;

   end process;
end RTL;
configuration CFG_COUNT4EN of COUNT4EN is
  for RTL
  end for;
end;
```

合成された回路

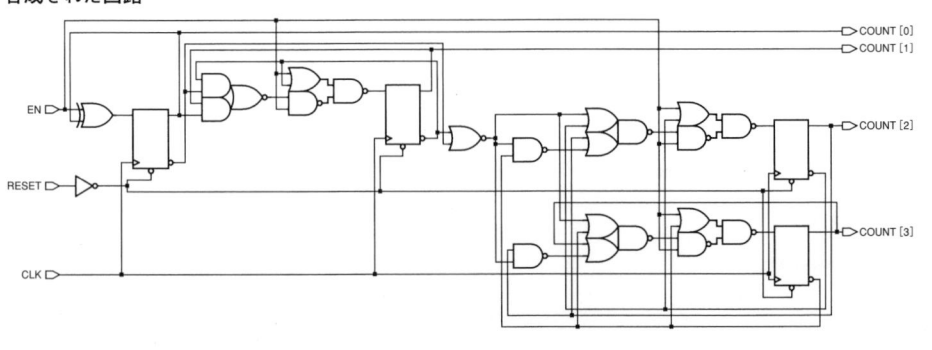

● イネーブル信号付き12進カウンタ

　リスト3.2は，リスト3.1の単純な同期式カウンタの記述にイネーブル信号とカウンタの上限値を付け加えた記述です．①がイネーブル信号の記述で，**EN**が**'1'**のときのみカウント・アップするようになっています．

　②では，カウンタの上限値を記述しています．**COUNT_IN**が**"1011"**の値になったとき，カウンタの値が**"0000"**に戻るように記述されています．**"1011"**と書かれた場合，この数値は文脈から**std_logic_vector**と判断されます．**COUNT_IN**のデータ・タイプは**std_logic_vector**です．

　したがって，VHDLの文法仕様では，**std_logic_vector**の数値としか比較できませんが，パッケージ**std_logic_unsigned**では関係演算子にオーバロード・ファンクション(5.4節を参照)が規定されており，**Integer**(整数)とも比較できるようになっています．②は，

```
if (COUNT_IN = 11) then
```

と記述することもできます．

3.2　アップ/ダウン・カウンタ

　リスト3.3は，アップ/ダウン・カウンタの記述例です．アップ・カウントに算術演算子+を使用し，ダウン・カウントに算術演算子-を使用します．①のif文で，入力信号**UPDN**が**'0'**のときにダウン・カウントが選択され，**'1'**のときにアップ・カウントが選択されます．

　このように，アップ/ダウン・カウンタでは，二つの算術演算子+と-を使用しています．このとき，論理合成ツールは，同一プロセス内に記述した算術演算や関係演算に対して共有化を試みます．この記述の場合，+と-を共有化したほうが回路面積，速度とも向上するため，論理合成ツールは，入力信号を選択して一つの加減算器に与える回路に自動的に変更します(図3.1)．

〈図3.1〉演算子の共有化

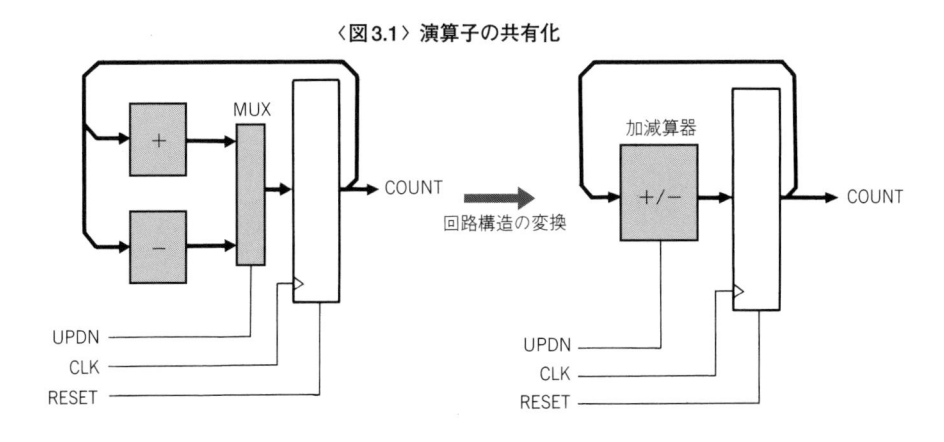

〈リスト3.3〉アップ/ダウン・カウンタの記述（演算子の共有化の記述例）

```
library IEEE;
use IEEE.std_logic_1164.all;
use IEEE.std_logic_unsigned.all;

entity UPDNCOUNT6 is
    port ( CLK,RESET,UPDN : in std_logic;
           COUNT : out std_logic_vector(5 downto 0)
         );

end UPDNCOUNT6;

architecture RTL of UPDNCOUNT6 is
signal COUNT_IN : std_logic_vector(5 downto 0);
begin

    COUNT <= COUNT_IN;

    process (CLK,RESET) begin
       if(RESET='1') then
          COUNT_IN <= (others => '0');
       elsif(CLK'event and CLK='1') then
          if(UPDN = '1') then        ← ① UPDN='1'のとき，アップ・カウント
             COUNT_IN <= COUNT_IN + '1';     UPDN='0'のとき，ダウン・カウント
          else
             COUNT_IN <= COUNT_IN - '1';
          end if;
       end if;

    end process;
end RTL;
```

3.3 その他のカウンタ

●リプル・カウンタ（非同期式カウンタ）

　図3.2のように，下位ビットの出力を上位ビットのクロック信号に伝えていくカウンタをリプル・カウンタ（非同期式カウンタ）と呼びます．このカウンタは回路構造が単純で記述しやすいため，以前はよく用いられていました．

　しかし，下位ビットの出力を次段のクロック信号に使用するので，上位ビットになればなるほど入力クロックに対する遅延が蓄積されていきます．したがって，カウント値をほかの回路で使用する場合には，この上位ビットの遅延を考慮しなければなりません．大規模な設計では，この遅延を考慮するのが

〈図3.2〉リプル・カウンタの動作

上位ビットでは遅延が蓄積される

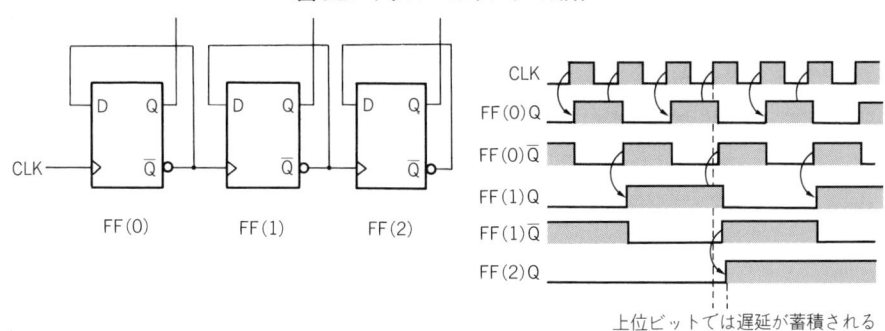

〈表3.1〉
ジョンソン・カウンタの動作

CLK回数	FF(0)	FF(1)	FF(2)	FF(3)	FF(4)
0	0	0	0	0	0
1	1	0	0	0	0
2	1	1	0	0	0
3	1	1	1	0	0
4	1	1	1	1	0
5	1	1	1	1	1
6	0	1	1	1	1
7	0	0	1	1	1
8	0	0	0	1	1
9	0	0	0	0	1
10 (=0)	0	0	0	0	0

難しく，同期式回路の設計では使用しないほうが無難です．
　このカウンタは回路構造は単純ですが，RTL記述ではきれいに書く方法がなく，フリップフロップを単純に並べるしかありません．**リスト3.4**が記述例です．この記述では，単純にフリップフロップを並べる代わりに②のようにfor-generate文（8.6節）を使用して記述を簡略化しています．for-loop文は，プロセス文の中でしか記述できないのに対し，for-generate文はarchitecture文の中に直接記述することができます．また，for-loop文は定められた範囲を順番に処理するのに対し，for-generate文は定められた範囲の個数だけその中の記述をコピーします．

● ジョンソン・カウンタ
　今まで紹介したカウンタは，2進カウンタ（バイナリ・カウンタ）ですが，このほかにジョンソン・カウンタやBCDカウンタ（3.5節），グレイ・コード・カウンタ（5.5節）などがあります．
　ジョンソン・カウンタは，**表3.1**に示すようにクロックが入力されるとまず0ビット目が **'1'** になります．次にクロックが入力されると1ビット目が **'1'** になり，以下上位ビットにシフトしていきます．すべてのビットが **'1'** になったら今度は0ビット目から順に **'0'** になっていきます．
　このカウンタは回路構造が単純で高速に動作するという特徴を持ち，回路設計ではよく用いられます．また，カウントの方法によっては同時に1ビットしか変化しないのでハザードが発生しにくく，インターフェース部分などにもよく利用されます．ただし，カウント数の半分のフリップフロップが必要になる

〈リスト3.4〉リプル・カウンタの記述(for-generate文の記述例)

```
library IEEE;
use IEEE.std_logic_1164.all;
entity DFFR is           ←────────────── ① フリップフロップのエンティティを作成
   port (CLK,RESET,D : in std_logic;
         Q,QN : out std_logic);
end DFFR;
architecture RTL of DFFR is
signal Q_IN : std_logic;
begin
   QN <= not Q_IN;
   Q  <= Q_IN;
   process(CLK,RESET)begin            ⎫
      if(RESET='1') then              ⎪
         Q_IN <= '0';                 ⎬  フリップフロップを生成
      elsif(CLK'event and CLK='1') then ⎪
         Q_IN <= D;                   ⎪
      end if;                         ⎭
   end process;
end RTL;
library IEEE;
use IEEE.std_logic_1164.all;
entity RPLCONT is
   port (CLK,RESET : in std_logic;
         COUNT : out std_logic_vector(7 downto 0));
end RPLCONT;
architecture RTL of RPLCONT is
signal COUNT_IN_BAR : std_logic_vector (8 downto 0);
component DFFR
   port(CLK,RESET,D : in std_logic;
        Q,QN : out std_logic);
end component;
begin
   COUNT_IN_BAR(0) <= CLK;

   GEN1: for I in 0 to 7 generate    ←────────── ② for-generate文

      U: DFFR port map(CLK=>COUNT_IN_BAR(I),RESET=>RESET,  ←──── ③ ①で作成したフリップフロップ
         D=>COUNT_IN_BAR(I+1),Q=>COUNT(I),QN=>COUNT_IN_BAR(I+1));        を呼び出す

   end generate;

end RTL;
```

合成された回路

〈リスト3.5〉ジョンソン・カウンタの記述（シフト・カウントの記述例）

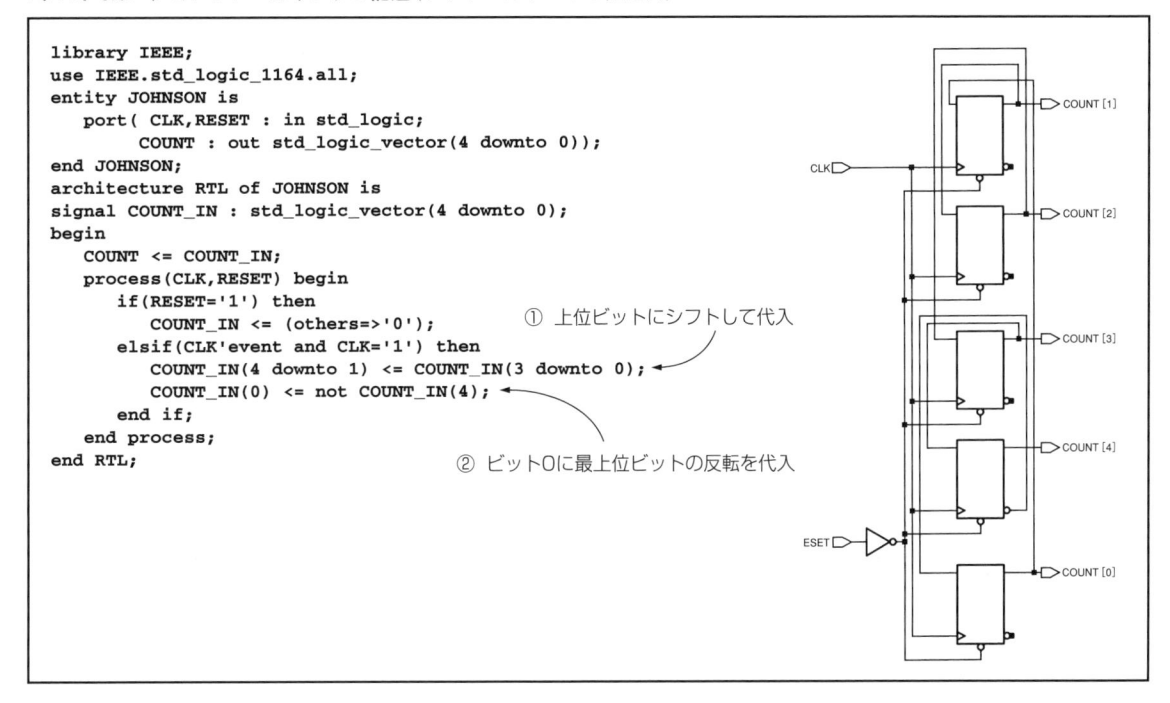

```
library IEEE;
use IEEE.std_logic_1164.all;
entity JOHNSON is
   port( CLK,RESET : in std_logic;
         COUNT : out std_logic_vector(4 downto 0));
end JOHNSON;
architecture RTL of JOHNSON is
signal COUNT_IN : std_logic_vector(4 downto 0);
begin
   COUNT <= COUNT_IN;
   process(CLK,RESET) begin
      if(RESET='1') then
         COUNT_IN <= (others=>'0');
      elsif(CLK'event and CLK='1') then
         COUNT_IN(4 downto 1) <= COUNT_IN(3 downto 0);
         COUNT_IN(0) <= not COUNT_IN(4);
      end if;
   end process;
end RTL;
```

① 上位ビットにシフトして代入
② ビット0に最上位ビットの反転を代入

ので，カウント数が多い場合は不向きです．リスト3.5がジョンソン・カウンタの記述です．フリップフロップ生成の記述の中に，①のようにビットを1ビット上位にシフトさせ，最下位ビットには最上位ビットの反転を代入します．

3.4 シミュレーションの記述

● プロセス文による記述

シミュレーションの記述は通常，最上位の階層にまとめて記述し，そこからシミュレーションしたいエンティティを呼び出します．リスト3.6は，リスト3.2のイネーブル付きカウンタのシミュレーション記述です．

最上位の階層ではエンティティ宣言の中にポートの記述を行う必要はないので，通常は①のようにエンティティの中を空にします．②では，シミュレーションさせる**COUNT4EN**のコンポーネント宣言を行い，④のインスタンス文で呼び出しています．ここでは，名まえによる関連付け（1.4節）によって信号とポートを結合しています．

クロック信号は，⑤のプロセス文によって生成させます．**HALF_CYCLE**は，③の定数宣言で宣言されたクロックの半周期**10ns**という時間を表す定数です．データ・タイプ**Time**は，時間を表すデータ・タイプ（4.2節）で，**fs**から**hr**までの時間を扱えます．また，**wait for HALF_CYCLE**は，クロックの半周期**10ns**の間，実行を停止するという意味です．

プロセス文は，文末まで実行すると最初に戻るので，この記述はパルス幅10 ns，周期20 nsのパルスを

永遠に出し続けることになります．繰り返し信号は，このプロセス文の特性を生かして記述していきます（図3.3の①）．

⑥のプロセス文では，初期リセット信号 **INIT_RESET** とカウンタのイネーブル信号 **EN** を生成しています．

〈リスト3.6〉イネーブル付き12進カウンタのシミュレーション記述

```
library IEEE;
use IEEE.std_logic_1164.all;
use IEEE.std_logic_unsigned.all;

entity TEST_COUNT4EN is           ←──────── ① 最上位なのでポートの記述はない
end TEST_COUNT4EN;

architecture SIM of TEST_COUNT4EN is

component COUNT4EN
   port ( CLK,RESET,EN : in  std_logic;  ┐
          COUNT : out std_logic_vector(3 downto 0)  ├ ② COUNT4ENのコンポーネント宣言
   );                                     ┘
end component;

constant CYCLE       : Time := 10 ns;  ┐
constant HALF_CYCLE  : Time :=  5 ns;  ├ ③ constantは定数宣言．時間はすべて定数で1カ所に記述する
constant STB         : Time :=  2 ns;  ┘

signal CLK,INIT_RESET,EN : std_logic;
signal COUNT_OUT : std_logic_vector(3 downto 0);

begin

   U0: COUNT4EN port map ( CLK=>CLK,RESET=>INIT_RESET,  ←── ④ COUNT4ENの
                           EN=>EN, COUNT=>COUNT_OUT);              インスタンス呼び出し
   process begin                          ┐
      CLK <= '1';                         │
      wait for HALF_CYCLE;                ├ ⑤ プロセス文によるクロック入力の記述
      CLK <= '0';                         │
      wait for HALF_CYCLE;                │
   end process;                           ┘

   process begin
      INIT_RESET <= '0'; EN <= '1';       ┐
      wait for   STB;                     │
      INIT_RESET <= '1';                  │
      wait for   CYCLE;                   │
      INIT_RESET <= '0';                  ├ ⑥ INIT_RESET，EN入力の記述
      wait for   CYCLE*9;                 │
      EN <= '0';                          │
      wait for   CYCLE;                   │
      EN <= '1';                          │
      wait for   CYCLE*20;                ┘

      wait;                   ←──────────────── ⑦ 無限実行停止

   end process;            コンフィグレーション名    エンティティ名
end SIM;

configuration CFG_TEST of TEST_COUNT4EN is  ┐
   for SIM;                                 ├ ⑧ コンフィグレーション宣言
   end for;        ⑨ アーキテクチャ名         │
end CFG_TEST;                                ┘
```

`INIT_RESET`は，2.7節で述べたシミュレーションのための初期リセット信号です．最初，1/3クロックから4/3クロックの間を'**1**'にして，カウンタの値を確定します．`EN`は実行の途中（11クロック目）でいったん'**0**'にして，カウント・アップを停止させています（**図3.3**の②）．

● wait文

　⑦のように単純に`wait;`と記述すると無限実行停止という意味になり，このプロセス文はそこから永遠に動作しなくなります．

　wait文には，このほかに2.7節で紹介した`wait until`や`wait on`があります（**表3.2**）．

　`wait on`は，信号が変化するまで実行を停止するという意味です．これはプロセス文のセンシティビティ・リストと類似しており，

```
process(A, B) begin         process begin
    Y <= A and B;               Y <= A and B;
end process;                wait on A , B;
                            end process;
```

と記述されている場合，上記の二つの文は等価です．`wait on`とプロセス文のセンシティビティ・リストの違いは，`wait on`がプロセス文中に何度も使用できるのに対して，センシティビティ・リストは文頭に一度しか使用できない点です．

　プロセス文にセンシティビティ・リストがある場合は，プロセス文内でwait文を使用することはできません．

● コンフィグレーション宣言

　⑧はコンフィグレーション宣言（8.9節参照）と呼ばれる記述です．

　VHDLでは，一つのエンティティ（インターフェース部）に対して複数のアーキテクチャ文を持たせることができます．そして，どのアーキテクチャを選択するかをコンフィグレーション宣言で指定します．

　この場合，`SIM1`というアーキテクチャ名を記述していますが，新たに別のシミュレーション・データを`SIM2`というアーキテクチャに記述した場合は，⑨を`SIM2`に変更します．

　コンフィグレーション宣言は，このほかに階層間の結合，すなわちエンティティどうしの結合，またはコンフィグレーションの結合を指定します．この記述では，あまり複雑な設定を行わず，アーキテクチャの指定のみを行っています．

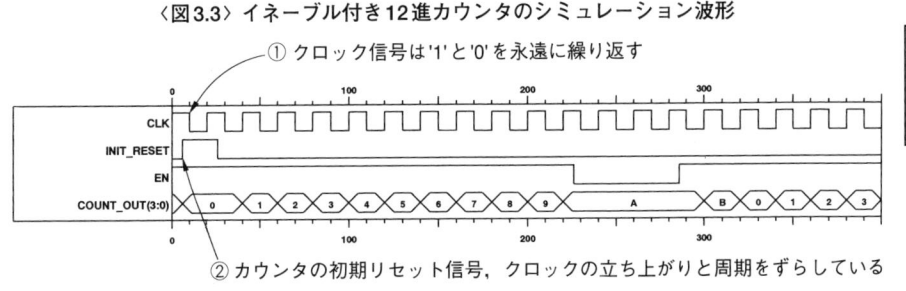

〈図3.3〉イネーブル付き12進カウンタのシミュレーション波形
① クロック信号は'1'と'0'を永遠に繰り返す
② カウンタの初期リセット信号．クロックの立ち上がりと周期をずらしている

〈表3.2〉wait文の種類

| wait on 信号, 信号… |
| wait until 条件 |
| wait for 時間 |
| wait |

本来はアーキテクチャの指定の中に，さらに下位階層(この場合 COUNT4EN)の結合を指定するのですが，省略が可能です．何も指定しない場合は自動的に結合されます．コンフィグレーション宣言は，複数の設計者が記述した VHDL 記述を結合させるためには便利なものです．また，同一仕様の二つのデザインを比較・実行するとき，コンフィグレーション宣言によって簡単に接続を変えることができます．しかし，コンポーネント宣言とインスタンス宣言による接続に加えて，コンフィグレーション宣言を行うのは煩雑で，実際に使用する人はほとんどいません．実際の設計では，わざわざコンフィグレーション宣言を記述する必要はないでしょう．

● シミュレーション記述の注意点

　RTL 記述には一定の決まりがあり，それに沿って記述しないと回路を生成できません．それに対してシミュレーション記述は，VHDL の文法に合致していればどのように記述していてもかまいません．if 文や for-loop 文，while-loop 文を利用して複雑なパターンを作成することができます．

　ただし，シミュレーション記述では唯一，時間に対して注意を払わなければなりません．**リスト 3.6** では **INIT_RESET**，**EN** ともクロックの立ち上がりエッジに対して **2ns** だけ周期をずらしています．もし，これをクロックの立ち上がりエッジと同タイミングで変化させると，**COUNT4EN** エンティティ内のプロセス文が実行されるとき，**INIT_RESET**，**EN** が **CLK** よりも先に変化しているのか後に変化しているのか，わからなくなります．

　このような場合，シミュレーションを行ってみると，あるときは先に動作するが，記述に変更を加えると動作しなくなるといったぐあいに，その時々によって結果が異なってしまいます．各入力信号がクロック・エッジと同じタイミングにならないように注意してください．

　現在の RTL 設計では，RTL 記述のシミュレーションに加えて，ロジック回路生成後に，ロジック・ゲートのシミュレーションが必要となっています．なぜかというとシミュレーションにおける **'X'** の伝播の影響(2.7 節および 8.1 節を参照)があったり，あるいは記述のミスにより設計者が意図した回路が生成されていない場合があるからです(論理合成ツールがつねに適切なワーニング・メッセージを出力してくれるとは限らない)．

　また，RTL 記述のシミュレーションではゲートの遅延が存在せず，0 時間のシミュレーションを行っているので，回路の動作速度を検証できません．最近では回路の動作速度を検証するツール(タイミング解析ツール)が普及しており，こちらを利用する場合もあります．しかし，一般には動作速度の検証は，ロジック・ゲート回路のシミュレーションによって行います．

　ロジック・ゲートのシミュレーションを行う場合，RTL のシミュレーションで使用したシミュレーション・パターンをそのまま利用したほうが簡単です(**図 3.4**)．

〈図 3.4〉
同じシミュレーション記述を使用する

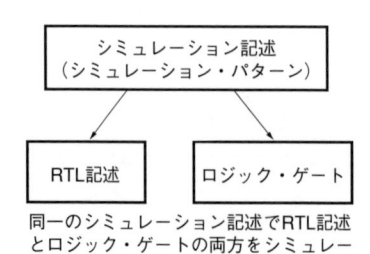

同一のシミュレーション記述で RTL 記述とロジック・ゲートの両方をシミュレーションする

〈図3.5〉
合成の際にデータ・タイプが
置き換わる

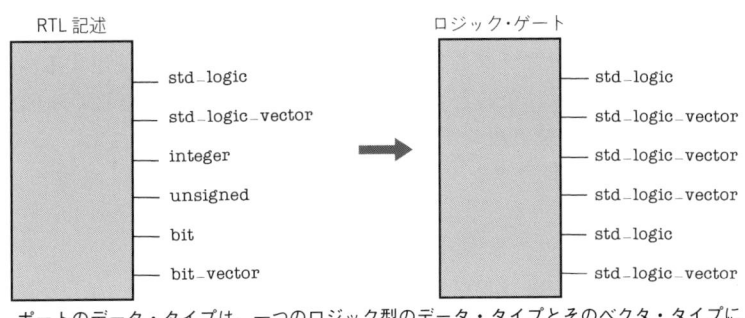

RTL記述
- std_logic
- std_logic_vector
- integer
- unsigned
- bit
- bit_vector

ロジック・ゲート
- std_logic
- std_logic_vector
- std_logic_vector
- std_logic_vector
- std_logic
- std_logic_vector

ポートのデータ・タイプは，一つのロジック型のデータ・タイプとそのベクタ・タイプに変換される

　しかし，ロジック・ゲートのシミュレーションには遅延が存在します．遅延は，回路の内部動作だけではなく，入出力にも影響します．したがってシミュレーション・パターンを記述するときには，遅延をあらかじめ考慮しておく必要があります．

　RTL記述では，入出力ポートにどのようなデータ・タイプでも定義できます．しかし，RTL記述からロジック・ゲートを生成させる際にデータ・タイプが置き換わってしまうことがあります．

　例えば，ロジック回路では整数が扱えないため，**Integer**が**std_logic_vector**に置き換わってしまうわけです．また，ユーザ定義のデータ・タイプ(4.3節)も**std_logic_vector**や**std_logic**に置き換わってしまいます(図3.5)．同じロジック・タイプでも**std_logic_vector**と**unsigned**の両方を使用していると，論理合成ツールによってはどちらか一方に統一されてしまいます．そのため，ロジック・ゲートのシミュレーションまで考えて，入出力ポートに使用するデータ・タイプを**std_logic**と**std_logi_vector**に限定したほうが有利といえます．

3.5　60進カウンタ

● BCDカウンタ

　バイナリ・カウンタは，N個のフリップフロップに対して2のN乗のカウント値をもちます．それに対して，4個のフリップフロップで10進の数を表現するカウンタをBCDカウンタと呼びます．

　ここではBCDカウンタを使用した，タイマや時計回路で用いられる60進カウンタを紹介します．リスト3.7が60進カウンタの記述です．このカウンタでは**BCD1**が1のけたを，**BCD10**が10のけたを表示します(①，②)．**BCD10**は60進カウンタの10のけたですから0から6までの値しか持ちません．したがって3個のフリップフロップで足ります．また，この二つのカウンタは**BCD1WR**と**BCD10WR**によって値を書き込むことが可能です．この機能によって時刻合わせを行います．

　③では**BCD1WR**が'1'のとき，フリップフロップの強制セット，リセット端子に**DATAIN**の値が代入されるようにしています．図3.6のシミュレーション波形では，①で示すように0.7秒の時刻に**BCD1WR**に'1'が入力され，**DATAIN**の値が**BCD1**に代入されているのがわかると思います．

　DATAINは**BCD10**への書き込みと共有されています．⑤では**BCD10WR**が'1'のとき，**DATAIN**の値を**BCD10**に書き込んでいます．

　CINは下位カウンタからのけた上がり信号で，この値が'1'でなければ**BCD1**および**BCD10**のどちら

も動作しません．このカウンタを分カウンタとして使用する場合は，秒カウンタからけた上がり信号が入力されないとカウント・アップしませんし，秒カウンタとして使用する場合には1/100秒カウンタからのけた上がり信号が入力されないとカウント・アップしないようなしくみになっています．

COUTは**CIN**とは逆に上位カウンタへのけた上がり信号です．⑥では，このカウンタの値が59で**CIN**信号が**'1'**の場合のみ，上位カウンタに**'1'**を出力するように記述します．

〈リスト3.7〉60進カウンタの記述（非同期データ・セットの記述例）

```vhdl
library IEEE;
use IEEE.std_logic_1164.all;
use IEEE.std_logic_unsigned.all;
entity BCD60COUNT is
   port (
       CLK,BCD1WR,BCD10WR,CIN : in std_logic;
       CO    : out std_logic;
       DATAIN : in  std_logic_vector( 3 downto 0);
       BCD1   : out std_logic_vector( 3 downto 0);
       BCD10  : out std_logic_vector( 2 downto 0));
end BCD60COUNT;
architecture RTL of BCD60COUNT is
signal BCD1N : std_logic_vector(3 downto 0);
signal BCD10N : std_logic_vector(2 downto 0);
begin
  BCD1 <= BCD1N; BCD10 <= BCD10N;              ─ ③ 強制セット，リセットで値をセットする
  process(CLK,BCD1WR) begin
      if(BCD1WR='1') then
          BCD1N <= DATAIN;
      elsif(CLK'event and CLK='1') then
          if(CIN='1') then
              if(BCD1N=9) then
                  BCD1N <= "0000";                    ① BCD1(1のけた)の記述
              else
                  BCD1N <= BCD1N + 1;
              end if;
          end if;
      end if;
  end process;
  process(CLK,BCD10WR) begin              ⑤
      if(BCD10WR='1')then
          BCD10N <= DATAIN(2 downto 0 );
      elsif(CLK'event and CLK ='1') then
          if(CIN='1' and BCD1N=9 ) then
              if(BCD10N=5) then
                  BCD10N <= "000";                   ② BCD10(10のけた)の記述
              else
                  BCD10N <= BCD10N + 1;
              end if;
          end if;
      end if;
  end process;
  process(BCD10N,BCD1N,CIN) begin
      if( CIN='1' and BCD1N=9 and BCD10N=5 ) then
          CO <= '1';                                  ④ けた上がり信号COの記述
      else
          CO <= '0';
      end if;                           ⑥
  end process;
end RTL;
```

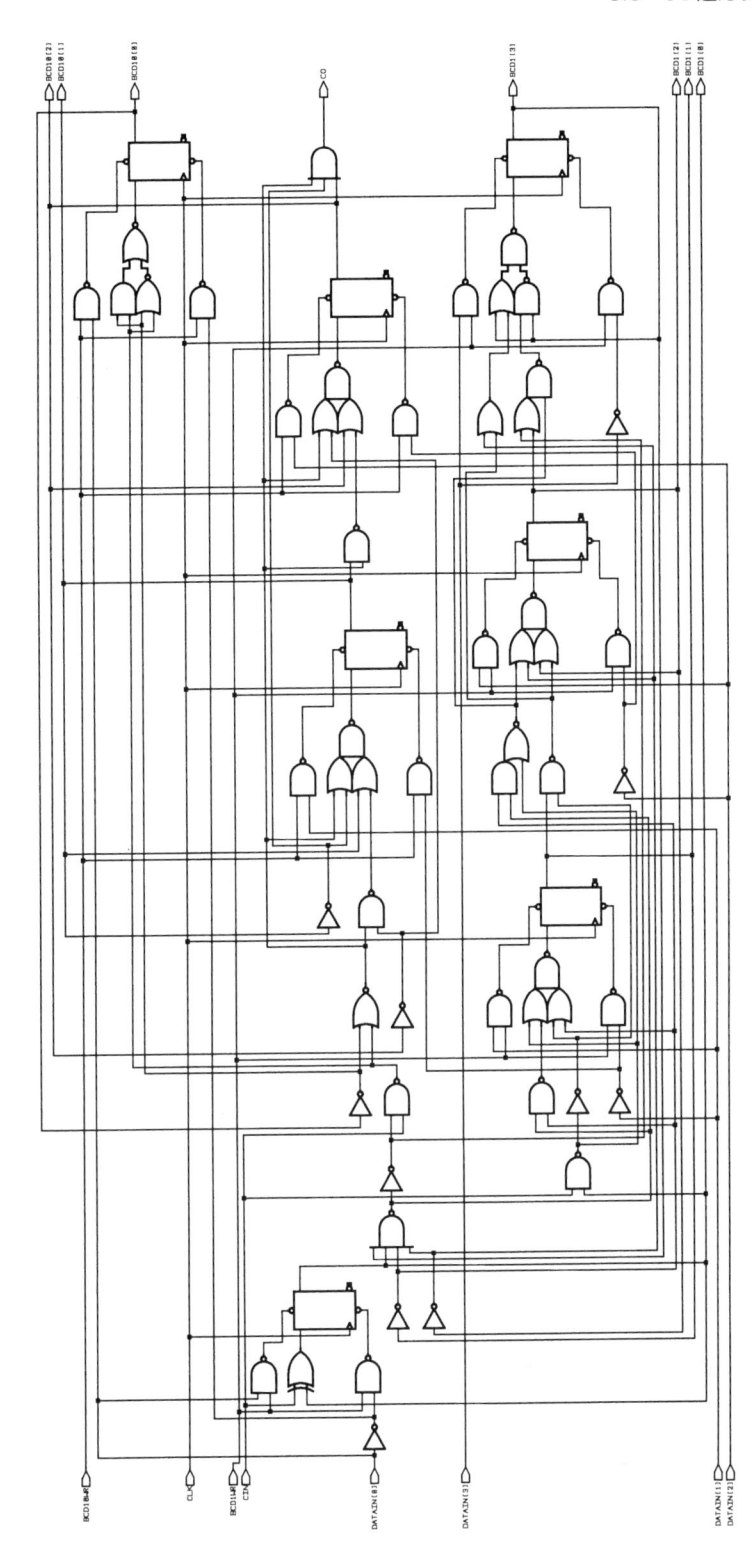

〈リスト3.7〉
60進カウンタの記述
（合成された回路）

〈図3.6〉60進カウンタのシミュレーション波形

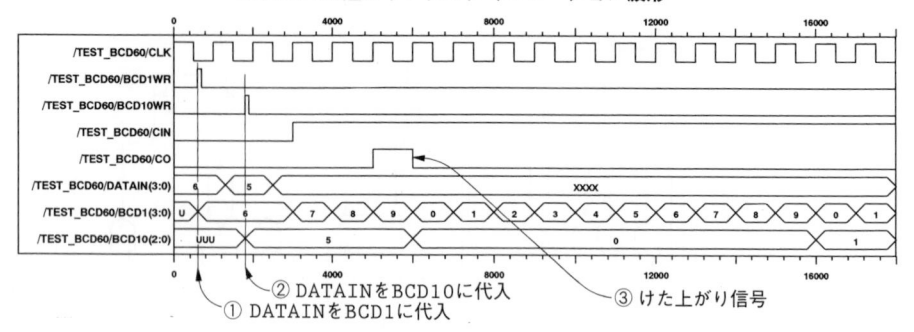

① DATAINをBCD1に代入
② DATAINをBCD10に代入
③ けた上がり信号

〈リスト3.8〉60進カウンタのシミュレーション記述

```vhdl
library IEEE,STD;
use IEEE.std_logic_1164.all;
use IEEE.std_logic_unsigned.all;
entity TEST_BCD60 is end TEST_BCD60;
architecture SIM of TEST_BCD60 is
component BCD60COUNT
   port (
       CLK,BCD1WR,BCD10WR,CIN : in std_logic;
       CO     : out std_logic;
       DATAIN : in  std_logic_vector( 3 downto 0);
       BCD1   : out std_logic_vector( 3 downto 0);
       BCD10  : out std_logic_vector( 2 downto 0));
end component;
signal CLK,BCD1WR,BCD10WR,CIN :  std_logic;
signal CO      : std_logic;
signal DATAIN : std_logic_vector ( 3 downto 0);
signal BCD1   : std_logoc_vector ( 3 downto 0);
signal BCD10  : std_logoc_vector ( 2 downto 0);
begin
  U1: BCD60COUNT port map (CLK,BCD1WR,BCD10WR,CIN,
                           CO,DATAIN,BCD1,BCD10);
  process begin
     CLK <= '1';
     wait for 500 ms;
     CLK <= '0';
     wait for 500 ms;
  end process;

  BCD1WR <= '0','1' after    600 ms,
                   '0' after    700 ms;
  BCD10WR<= '0','1' after   1800 ms,
                   '0' after   1900 ms;
  DATAIN <= "0110",
            "0101" after   1300 ms,
            "XXXX" after   2500 ms;
  CIN <= '0', '1'  after 3 sec;
end SIM;
configuration CFG_BCD60 of TEST_BCD60 is
  for SIM
  end for;
end CFG_BCD60;
```

① afterを使用したシミュレーション記述

〈リスト3.9〉60進カウンタの記述の一部（同期型）

```
process(CLK,RESET) begin
   if(RESET='1') then
      BCD1N <= (others=>'0');          ── ① 初期リセットのみ非同期で記述
   elsif(CLK'event and CLK='1') then
      if(BCD1WR='1') then
         BCD1N <= DATAIN;              ── ② 値のセットは同期で記述
      elsif(CIN='1') then
         if(BCD1N=9) then
            BCD1N <= "0000";
         else
            BCD1N <= BCD1N + 1;
         end if;
      end if;
   end if;
end process;
```

● afterによるシミュレーション記述

　リスト3.8は，リスト3.7のシミュレーション記述です．この記述では，リスト3.6で紹介したシミュレーション記述とは異なり，**after**を使用して一つ一つの信号を別々に記述する方法をとっています．

　afterは信号に値が代入されるまでの時間を設定します（4.7節）．ここで紹介するシミュレーション記述のほか，RAMなどの外部インターフェース素子のモデル化やゲート・ライブラリの作成などに用いられます．

　①では，**BCD1WR**に最初（0時刻）に **'0'** が代入されます．その後は**after**を使用して600 ms後に **'1'** を代入しています．**after**では最初の時刻からの絶対時間を記述していきます．最初から700 ms後，すなわち **'1'** になってから100 ms後にまた **'0'** を代入しています．

● 非同期セット，非同期リセットの利用

　リスト3.7は，クロック周期に関係なく強制的にカウント値をセットする方法をとっています．この方法は，LSI設計やFPGA設計にとってはあまり好ましいものではありません．この回路は，**BCD1WR**信号，**BCD10WR**信号，および**DATAIN**信号にノイズが入らないことを前提としています．もし，カウンタの動作中にノイズが混入すると，フリップフロップの値がリセットされてしまいます．

　最近のLSIやFPGAは非常に高速に動作し，しかも低電圧（3.3 V，2.5 V，1.8 Vなど）で駆動させます．このため，ノイズが混入してしまうケースが増えています．LSI設計やFPGA設計では同期回路を前提としてください．非同期セットや非同期リセットは初期リセットのみに利用し，動作中の値のセットなどはすべて同期的に処理してください．

　リスト3.9は，**BCD1N**のプロセス文を同期型に記述し直したものです．①の初期リセット部分のみ**clk'event**の前に記述し，非同期リセットとしています．データのセットの記述は，②の**clk'event**の中に記述し，同期化しています．

第4章
データ・タイプとパッケージ

4.1 オブジェクト・クラス

VHDLには表4.1の三つのオブジェクト・クラスがあります．

● 定数宣言

定数宣言constantは固定された値で，初期値が必要です．初期値は:=によってデータ・タイプのあとに記述して代入します．

```
constant AAA : std_logic := '0' ;
```

信号と変数には何度でも値を代入することができますが，定数は宣言時に一度だけ固定された値を与えられるだけです．定数宣言はすべての信号宣言や変数宣言が可能な場所で宣言できます．
初期値は定数宣言だけでなく，信号宣言や変数宣言でも可能です．

```
signal B : std_logic_vector (0 to 2) := "ZZZ" ;
variable C : integer range 0 to 63 := 21 ;
```

ただし，信号宣言や変数宣言の初期値については，論理合成ツールは無視してしまいます．RTL記述では，初期値は定数宣言で記述してください．

● 変数宣言

表4.1に示すように，変数宣言は信号宣言とはまったく別の場所で宣言します．変数はプロセス文，ファンクション文，プロシージャ文の中でしか使用できないローカルなものです．

〈表4.1〉
VHDLのオブジェクト・クラス

オブジェクト	意　　味		宣言できる場所
signal	信号宣言	グローバル	architecture, package, entity
variable	変数宣言	ローカル	process, function, procedure
constant	定数宣言	グローバル	architecture, package, entity, process, function, procedure

〈図4.1〉信号代入文のイメージ

```
process(A,B,C)begin
  C<=A+B;
  D<=C+B;
end process;
```

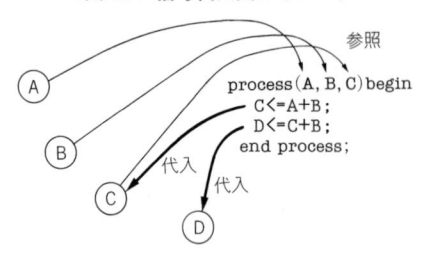

〈図4.2〉デルタ遅延

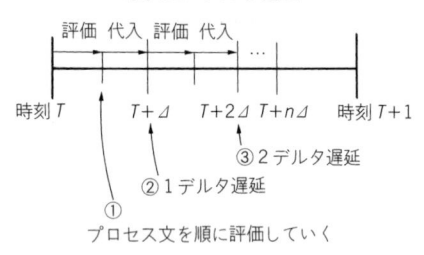

①プロセス文を順に評価していく
②1デルタ遅延
③2デルタ遅延

〈リスト4.1〉信号代入文と変数代入文の違い

```
process(A,B,C,D) begin
  D <=A;
  X <=B+D;
  D <=C;
  Y <=B+D;
end process;
```

結果
```
  X <=B+C;
  Y <=B+C;
```

```
process(A,B)
variable D:std_logic_vector(3 downto 0);
begin
  D :=A;
  X <=B+D;
  D :=C;
  Y <=B+D;
end process;
```

結果
```
  X <=B+A;
  Y <=B+C;
```

VHDL'93では新たにshared変数が追加されました．shared変数を使う場合，**variable**の前に**shared**を付加します．

    shared variable SVALUE : std_logic;

shared variableは，アーキテクチャ宣言部，パッケージ宣言，パッケージ本体で使用できます．variableと異なり，複数のプロセス文をまたぐことができます．

信号は信号代入文**<=**で代入するのに対して，変数は変数代入文**=**で代入します．

● 信号代入文と変数代入文

　信号代入文と変数代入文は代入形式が異なるだけでなく，その動作も異なります．変数代入文では，その文が実行されると即座に値が代入され，次の行が実行されるときにはすでにその変数の値は入れ替わっています．それに対して信号代入文**<=**は，その行が実行されても即座に代入されず，次の行が実行されるときにはまだ値が書き換わっていません．信号代入文は，同時処理を行うために，代入文の評価と実際の代入が別々に行われます．

　信号代入文はちょうど，プロセス文の外側にある"信号"という実体に代入するイメージになります（**図4.1**）．プロセス文が実行されるときは，最初にこの"信号"の実体から値を取ってくるだけで，wait文がないかぎり（時間が変化しないかぎり）実行中には値は書き換わりません．シミュレータは，この動作をサポートするために**図4.2**のように文の評価と代入を繰り返します．

　リスト4.1のプロセス文が信号Aの変化によって動作を始めたとします．するとシミュレータはプロセス文の各文を上から順番に評価していきます．

　プロセス文の最後まで実行が終了したとき，あるいはwait文によって実行が終了したときに代入が実

〈リスト4.2〉signalを使用したシフト・レジスタの記述

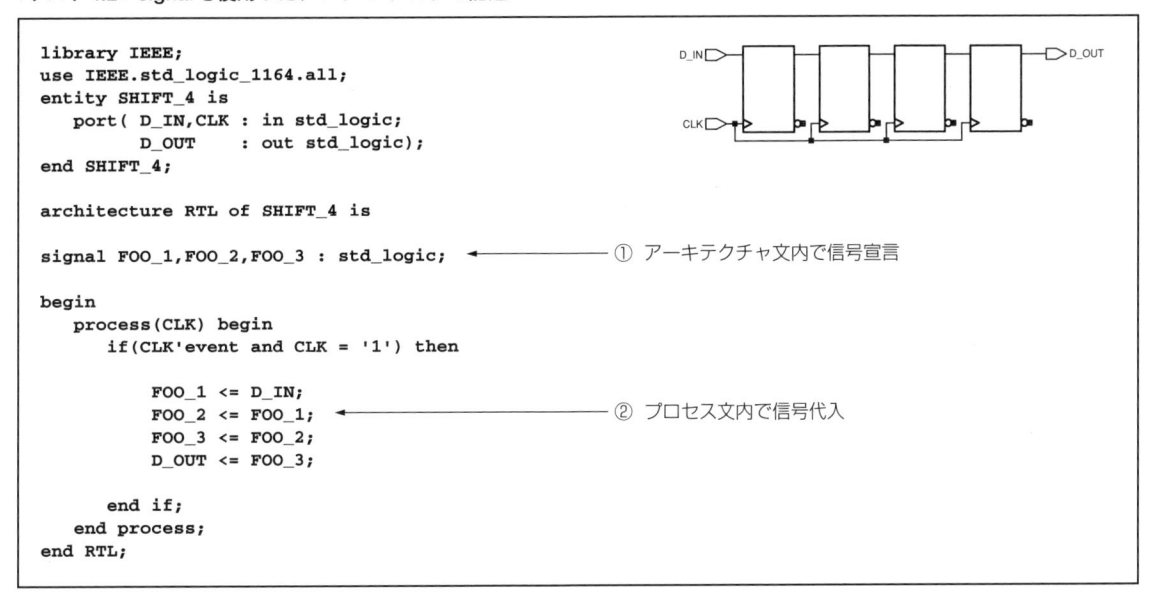

```
library IEEE;
use IEEE.std_logic_1164.all;
entity SHIFT_4 is
   port( D_IN,CLK : in std_logic;
         D_OUT    : out std_logic);
end SHIFT_4;

architecture RTL of SHIFT_4 is

signal FOO_1,FOO_2,FOO_3 : std_logic;    ← ① アーキテクチャ文内で信号宣言

begin
   process(CLK) begin
      if(CLK'event and CLK = '1') then

         FOO_1 <= D_IN;
         FOO_2 <= FOO_1;                  ← ② プロセス文内で信号代入
         FOO_3 <= FOO_2;
         D_OUT <= FOO_3;

      end if;
   end process;
end RTL;
```

行されます．代入も上から順番に実行されます．リスト4.1の左側の記述では，**D**には最初**A**が代入され，次に**C**が代入されます．代入が行われている間は，評価がいっさい行われないので**A**の代入は上書きされてしまい，②の時点で，**D**には**C**の値が代入されています．図4.2の②の点を1デルタ遅延と呼びます．

デルタ遅延は見かけ上の遅延で，シミュレータ上だけに存在する時間0の遅延値です．この後，さらに**D**の信号が変化したことによってリスト4.1のプロセス文が再び動作します．**D**には**C**の値が代入されているので，**X**にも**Y**にもB+Cが代入されることになります．③の2デルタ遅延時刻では，**A**，**B**，**C**，**D**いずれの値も変化していないので，この時刻の動作を終了し，次の時刻に進むことになります．

シミュレータは，同時刻のすべてのプロセス文と同時処理文に対してこの動作を繰り返し，すべての信号が変化しなくなると，次の時刻に進みます．

このように変数代入文と信号代入文では動作が異なり，リスト4.1のような文では**X**に代入される値が異なってきます．

リスト4.2はシフト・レジスタを記述した例です．この記述ではクロックの立ち上がりエッジごとに**D_IN**の値が**FOO_1**，**FOO_2**，**FOO_3**，**D_OUT**とシフトしていきます．これを変数宣言を利用して記述したのがリスト4.3です．この記述では，1回のクロックの立ち上がりで**D_IN**が**D_OUT**に代入されてしまうので，フリップフロップを1個しか生成しません．変数宣言を利用してシフト・レジスタを記述する場合には順番を逆にして，

```
   D_OUT <= FOO_3;
   FOO_3 := FOO_2;
   FOO_2 := FOO_1;
   FOO_1 := D_IN;
```

〈リスト4.3〉variableを使用したシフト・レジスタの記述

```
library IEEE;
use IEEE.std_logic_1164.all;
entity SHIFT_4 is
   port ( D_IN,CLK : in std_logic;
          D_OUT    : out std_logic);
end SHIFT_4;

architecture RTL of SHIFT_4 is
begin

   process(CLK)

   variable FOO_1,FOO_2,FOO_3 : std_logic;   ←──── ① プロセス文内のvariable宣言

   begin
      if(CLK'event and CLK = '1') then

         FOO_1 := D_IN;
         FOO_2 := FOO_1;   ←──────────────── ② 変数代入
         FOO_3 := FOO_2;                        D_INが一度にD_OUTに代入されてしまう
         D_OUT <= FOO_3;

      end if;
   end process;
end RTL;
```

と記述する必要があります．

　信号代入文はロジック回路に直結し，それぞれの文が一つの実体として回路上に存在するイメージになります．これに対して，変数はそれ自体がロジック回路に直結するものではなく，むしろハードウェアの動作を高いレベルでモデル化する際に必要な計算を行わせるために利用します．ファンクション文やプロシージャ文の内部では信号宣言を使えないので，変数を利用する必要がありますが，それ以外の部分では最初はあまり変数を利用しないほうが無難であるといえます．

4.2 データ・タイプ

● 標準タイプ

　信号宣言 **signal**，変数宣言 **variable**，定数宣言 **constant** のすべてにおいてデータ・タイプを指定する必要があります．

　VHDLはデータ・タイプの種類が豊富で，またユーザが新たにデータ・タイプを作ることもできます．このため記述の自由度が高く，システム・レベルの検証に向いています．

　しかしその反面，VHDLはデータ・タイプが厳格なので，異なるデータ・タイプどうしの代入や同じデータ・タイプでもビット長の異なるものは代入できません．データ・タイプを理解して活用することが，VHDLで記述するうえでの重要なポイントです．

　VHDLには標準で表4.2に示すデータ・タイプがあります．これらを使用するにあたっては，何のパッケージを呼ぶ必要もありません．これらのデータ・タイプのうち，ロジック回路生成のためによく使用されるのは **Integer** と **Boolean** です．また，シミュレーションを行う場合には **Time** をかならず使用し

〈表4.2〉
VHDLの標準データ・タイプ

データ・タイプ	意味
Integer	整数32ビット，-2147483647～2147483647
Real	浮動小数点
Bit	ロジック値'0', '1'
Bit_vector	Bitのベクタ・タイプ
Boolean	論理値FALSE，TRUE
Character	ASCII文字
Time	時間の物理タイプfs, ps, ns, us, ms, sec, min, hr
Severity level	メッセージ・レベルNOTE, WARNING, ERROR, FAILURE
Natural, Positive	Integerのサブタイプ0=<NATURAL, 0<POSITIVE
String	Characterのベクタ・タイプ

ます．DSPで複雑な信号のパターンを作り出すときなどは`Real`を使用することもあります．

● Integer

ロジック回路生成のための記述では，`std_logic`，`std_logic_vector`を使用するのが基本となりますが，`std_logic_vector`からのビットの切り出しには`Integer`を使用しなければなりません．`Integer`の範囲指定はリスト4.4の①のように`range`を使用します．リスト4.4の②の`CONV_INTEGER`は，データ・タイプを`std_logic_vector`から`integer`へ変換する関数で，パッケージ`std_logic_unsigned`の中で宣言されています(4.8節を参照)．

`Integer`はリスト4.4のほか，四則演算に用いられます．リスト4.5の①で範囲を指定していますが，この範囲の指定がないと32ビット(システムによっては64ビット，48ビットの場合もある)の値をもつことになり，ロジック回路生成で思いがけず多くのレジスタを生成してしまうので注意してください．

`Integer`で演算させたあとは，②で関数`CONV_STD_LOGIC_VECTOR`によって`std_logic_vector`に変換して出力します．この関数はパッケージ`std_logic_arith`で定義されています．③の引き数`4`はビット幅が4ビットであることを意味します．`Integer`は10進数表記だけでなく，最初に基数を書き，`#`で囲むことで何進数でも記述することができます．また数字の間を _ で区切ることも可能です．

```
   58
16#3A#
 8#72#
 2#0011_1010#
   +47
   -58
```

● Time

`Time`は時間を表すデータ・タイプで，シミュレーションの際に必要です．このタイプは物理タイプと呼ばれ，ある計測量を表す際に使用します．

`Time`は，

```
type TIME is range - 1E18 to 1E18
```

```
    units
      fs;
      ps=1000 fs;
          ns=1000 ps;
          us=1000 ns;
          ms=1000 us;
          sec=1000 ms;
          min=60 sec;
```

〈リスト4.4〉加算器の記述（integerの記述例）

```
library IEEE;
use IEEE.std_logic_1164.all;
use IEEE.std_logic_unsigned.all;

entity ADD5 is
    port( ABUS : in std_logic_vector( 4 downto 0);
          BBUS : in std_logic_vector( 4 downto 0);
          NUM  : in std_logic_vector( 2 downto 0);
          DOUT : out std_logic);
end ADD5;
architecture RTL of ADD5 is
signal IN_SUM : std_logic_vector(5 downto 0);

signal IN_NUM : integer range 0 to 5;    ←――――― ① integerでrange（幅）を指定

begin
    IN_NUM <= CONV_INTEGER(NUM);    ←――――― ② std_logic_vectorからintegerへの変換関数

    IN_SUM <= ( '0' & ABUS ) + ( '0' & BBUS );
                                    ←――――― ③ 加算，式の左辺と右辺のビット長を合わせるために
                                              最上位ビットに0を追加
    DOUT <= IN_SUM( IN_NUM );

end RTL;
```

```
        hr=60 min;
    end units;
```

と定義されています.

基本単位は **fs** になっており，その1000倍が **ps** です．3.4節では **20ns** の時間を代入していますが，この値は,

```
20 ns=20000 ps=20000000 fs
```

です．物理タイプとしては，時間のほかに容量値，抵抗値，長さなどを定義できます．

例：**type DISTANCE is range 0 to 1E9**
　　　units

〈リスト4.5〉カウンタの記述（integerの記述例）

```
library IEEE;
use IEEE.std_logic_1164.all;
use IEEE.std_logic_arith.all;

entity COUNT4 is
    port ( CLK,RESET : in std_logic;
           COUNT : out std_logic_vector(3 downto 0)
    );
end COUNT4;

architecture RTL of COUNT4 is

signal COUNT_IN : integer range 0 to 15;   ← ① rangeを指定しないと32ビット・カウンタを
                                               生成してしまうことがある
begin

    COUNT <= CONV_STD_LOGIC_VECTOR(COUNT_IN,4);
                                        ③ 代入される側のビット長
    process (CLK,RESET) begin
                                        ② integerからstd_logic_vectorへの変換関数
       if(RESET='1') then
          COUNT_IN <= 0;
       elsif(CLK'event and CLK='1') then
          COUNT_IN <= COUNT_IN + 1;
       end if;

    end process;
end RTL;
```

```
        um;
        mm=1000 um;
        cm=10 mm;
        m=1000 mm;
        km=1000 m;
    end units;
```

4.3　ユーザ定義のデータ・タイプ

　ユーザは新しいデータ・タイプを定義することができます．よく使用されるのは，列挙タイプと呼ばれるタイプです．

```
    type データ・タイプ名 is (要素，要素，.....);
```

　ロジック回路では，すべてのデータは '1' か '0' の数字ですが，人間が論理を考える場合，すべての状態を数字で考えることはできません．
　VHDLでは，数字の代わりに状態を名まえで扱うことができるようになっています．例えば1週間をロジック回路で扱う場合，日曜日は "000"，月曜日は "001" というのでは，記述を見ても理解するのに時間がかかります．
　これをWEEKというデータ・タイプ名で，

```
  type WEEK is (SUN , MON , TUE , WED , THU , FRI , SAT);
```

と定義することにより，TUEという状態が現れたらそれは火曜日であるといったぐあいに直感的に理解することができます．また，新しいデータ・タイプを定義した場合，そのデータ・タイプで定義された信号は他の信号に直接代入することや演算することができなくなるため，信号の誤接続などが少なくなります．
　列挙タイプのデータ・タイプは，このほかに新しいロジック型のデータを定義することにも使用されます．実は今まで使用してきたstd_logicもこのように定義されたデータ・タイプの一つなのです．パッケージstd_logic_1164の中で，

```
  type std_logic is
    ( 'U' , 'X' , '0' , '1' , 'Z' , 'W' , 'L' , 'H' , '-' );
```

と定義されています．
　ユーザ定義のデータ・タイプ使用例は4.5節のパッケージとライブラリの説明の後に紹介します．
　ユーザ定義のデータ・タイプは，列挙タイプのほかにIntegerタイプ，Realタイプ，配列タイプ(4.6節)，アクセス・タイプ，ファイル・タイプ，レコード・タイプ(4.10節)があります．IntegerタイプとRealタイプはrangeで範囲を指定します．

```
type digit is integer range 0 to 9;
type CURRENT is real range -1E4 to 1E4;
```

4.4 ユーザ定義のサブタイプ

サブタイプは，すでにあるデータ・タイプの範囲を指定し，ユーザにとってわかりやすい名前で定義します．

```
subtype サブタイプ名 is データ・タイプ名［範囲｜レンジ］；
```

例えば，**std_logic_vector**のサブタイプを作成して，

```
subtype IOBUS is std_logic_vector（7 downto 0）;
subtype DIGIT is integer range 0 to 9;
```

と定義すると，サブタイプは元のデータ・タイプの範囲を指定するだけのものなので，元のデータ・タイプが同じで，かつ範囲も同じであれば代入できます．

```
subtype ABUS is std_logic_vector（7 downto 0）;
signal AIO : std_logic_vector（7 downto 0）;
signal BIO : std_logic_vector（15 downto 0）;
signal CIO : ABUS;

AIO <= CIO -- OK
BIO <= CIO -- Error
```

サブタイプは，このほかメモリ・アレイなどで配列を作成する場合などに使用されます．配列については4.6節，4.7節を参照してください．

通常，新しく作成するデータ・タイプやサブタイプはパッケージの中で定義し，use文を使用して記述の中にロードします．

4.5 パッケージとライブラリ

● ライブラリ

ライブラリはデザイン・データの集まりで，パッケージ宣言，エンティティ宣言，アーキテクチャ宣言，コンフィグレーション宣言を格納します．

ライブラリは，UNIXやMS-DOSのディレクトリに相当し，その中にデザイン・データを格納していきます．VHDLでは記述の先頭に，

```
library ライブラリ名;
```

と記述することによって格納されているデータを呼び出すことが可能となります．

エンティティ宣言の前に記述されたlibrary宣言の可視範囲(適用される範囲)は，一つのエンティティ宣言と，それに属するアーキテクチャ宣言，コンフィグレーション宣言までです．一つのファイルに二つ以上のエンティティ宣言がある場合には，library宣言，**use**によるパッケージ呼び出しをやり直す必要があります(**リスト4.6**)．

また，アーキテクチャ宣言，コンフィグレーション宣言の前に書かれたlibraryの可視範囲はその宣言のみとなります．

図4.3がおもなライブラリです．中央部に書かれている**WORK**と呼ばれるライブラリは現在作業中のディレクトリを表します．ユーザが記述したVHDLは，何も設定しないと自動的にこのライブラリに格納されます．**WORK**はライブラリ宣言を行う必要はありません．

〈リスト4.6〉ライブラリの可視範囲

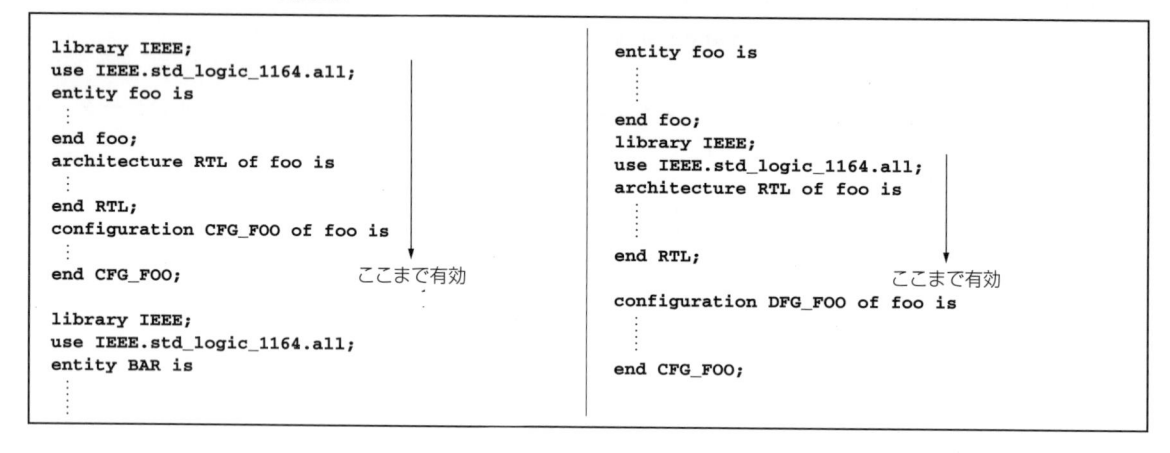

```
library IEEE;                              entity foo is
use IEEE.std_logic_1164.all;                 :
entity foo is                              end foo;
  :                                        library IEEE;
end foo;                                   use IEEE.std_logic_1164.all;
architecture RTL of foo is                 architecture RTL of foo is
  :                                          :
end RTL;                                   end RTL;
configuration CFG_FOO of foo is            configuration DFG_FOO of foo is
  :                           ここまで有効     :                          ここまで有効
end CFG_FOO;                               end CFG_FOO;

library IEEE;
use IEEE.std_logic_1164.all;
entity BAR is
  :
```

〈図4.3〉ライブラリの種類

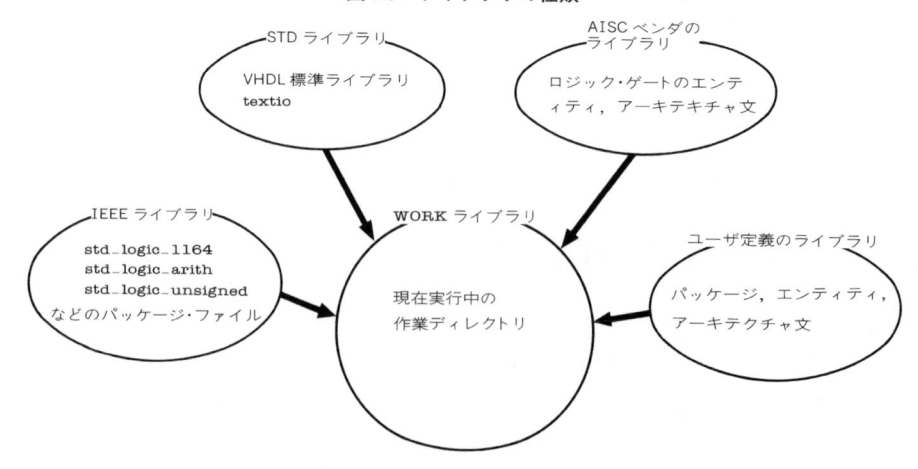

- STDライブラリ: VHDL標準ライブラリ textio
- AISCベンダのライブラリ: ロジック・ゲートのエンティティ，アーキテキチャ文
- IEEEライブラリ: std_logic_1164, std_logic_arith, std_logic_unsigned などのパッケージ・ファイル
- WORKライブラリ: 現在実行中の作業ディレクトリ
- ユーザ定義のライブラリ: パッケージ，エンティティ，アーキテクチャ文

STD，WORK以外はlibrary文を記述することで呼び出し可能となる

左上の **STD** はVHDLの標準仕様のライブラリです．このライブラリには **STANDARD** と呼ばれるパッケージが含まれていますが，標準仕様なので **STANDARD** を呼び出す必要はありません．**STD** にはそのほかに **TEXTIO** と呼ばれるパッケージが含まれていますが，こちらを使用するときはライブラリ宣言やパッケージ宣言を行ってから呼び出す必要があります．

```
library STD;
use STD.textio.all;
```

TEXTIO はシミュレーション・パターンのインターフェースに使用されます(第7章を参照)．

IEEE にはIEEEで承認された **std_logic_1164** と呼ばれるパッケージが含まれています．このパッケージは標準仕様ですが，外付けの仕様なのでライブラリ宣言，パッケージ宣言が必要になります．なお，**std_logic_arith**，**std_logic_unsigned** は，米国Synopsys社が提供しているパッケージです．これらはIEEEで承認されているものではありませんが，**IEEE** ライブラリに格納されています．

また，VHDLでゲート・レベルのシミュレーションを行うために，ASICベンダが自社のロジック・ゲートのライブラリを供給しています．この場合，ASICベンダのライブラリが作成され，その中にロジック・ゲート一つ一つに対応するエンティティが納められています．

このライブラリを使用する場合はライブラリ宣言が必要となります．そのほかにもユーザ自身が設計したパッケージやエンティティなどを共用するために，新たにライブラリを定義することがあります．そのような場合にもデータを呼び出すためのライブラリ宣言が必要となります．

● パッケージ宣言

パッケージ宣言は，C言語のinclude文のように信号宣言，定数宣言，データ・タイプ，コンポーネント文，ファンクション宣言，プロシージャ宣言などを単純に羅列していきます．

```
package パッケージ名 is
    {宣言文}
end [パッケージ名] ;
```

〈リスト4.7〉パッケージ宣言の記述 (ユーザ定義データ・タイプの記述例)

```
library IEEE;
use IEEE.std_logic_1164.all;

package UPAC is                                      ← ① パッケージ宣言

    constant K : integer := 4;                       ← ② 定数宣言．ビット長を表す

    type INSTRUCTION is (ADD,SUB,ADC,INC,SRF,SLF);   ← ③ データ・タイプ宣言．CPUの命令を定義

    subtype CPU_BUS is std_logic_vector( K-1 downto 0);  ← ④ サブタイプ宣言．ビット長Kを使用

end UPAC;
```

リスト4.7にパッケージ宣言の記述例を示します．パッケージ宣言の中には，②の定数宣言，③のALU命令のデータ・タイプ宣言，④のデータ・バスのサブタイプ宣言が記述されています．

リスト4.8の①のuse文で**IEEE.std_logic_1164**の呼び出しと同様に，

　　ライブラリ名.パッケージ名.**all;**

と記述し，リスト4.7のパッケージ宣言の中身のすべてを使用可能にしています．このように**all**はその

〈リスト4.8〉ビット長可変ALUの記述（ユーザ定義データ・タイプ，パッケージの記述例）

```
library IEEE;
use IEEE.std_logic_1164.all;
use IEEE.std_logic_unsigned.all;

use work.UPAC.all;           ←──────── ① パッケージ・ファイルUPACの呼び出し

entity ALU is

        port(A,ACC  : in   CPU_BUS;

             CODE   : in   INSTRUCTION;  ←──── ② ALUへの命令をデータ・タイプ
                                                  INSTRUCTIONで定義
             CIN    : in   std_logic;
             DOUT   : out  CPU_BUS;
             C,Z    : out  std_logic);
end ALU;

architecture RTL of ALU is
signal tmp : std_logic_vector( k downto 0);
begin
        process(A,ACC,CODE)
         begin
                if(CODE = ADD) then   ←──────── ③ CODEの値によって処理内容を変える
                        tmp <= ('0' & A) + ACC;
                elsif(CODE = SUB) then
                        tmp <= ('0' & A) - ACC;
                elsif(CODE = ADC) then
                        tmp <= ('0' & A) + ACC + CIN;  ←──── ④ キャリ・インCINの加算
                elsif(CODE = INC) then
                        tmp <= ('0' & A) + '1';
                elsif(CODE = SRF) then
                        tmp(k-1 downto 0) <= '0' & A(k-1 downto 1);
                        tmp(k) <= A(0);
                else         -- CODE = SLF
                        tmp <= A(k-1 downto 0) & '0';
                end if;
        end process;

        DOUT <= tmp(k-1 downto 0);
        C    <= tmp(k);       ←──────────── ⑤ サブタイプが異なっても代入可能

        process(tmp) begin
                if(tmp(k-1 downto 0) = 0) then  ←──── ⑥ Zフラグへの代入
                        Z <= '1';
                else
                        Z <= '0';
                end if;
        end process;
end RTL;
```

中身のすべてを呼び出すという意味になります．パッケージ宣言のうちの一つだけを呼び出すような場合には，その宣言文名を記述します．**リスト4.8**の記述で，

```
use WORK.UPAC.INSTRUCTION;
```

と記述すれば，パッケージ**UPAC**の中の**INSTRUCTION**の宣言だけが呼ばれることになります．

● ALUの記述例

　リスト4.8はビット長可変のALU（符号ビットなし）の記述例です．
　パッケージ文（**リスト4.7**）の②で定義した定数**K**の値を変更することでビット長をコントロールすることができます．**リスト4.7**の④では，この定数**K**の範囲の**std_logic_vector**のサブタイプを定義しています．
　リスト4.8の②では，パッケージ文でユーザ定義した**INSTRUCTION**のデータ・タイプを使用して入力信号**code**を定義しています．
　ユーザ定義のデータ・タイプを使用することによって，ALUの命令が数字ではなく語句になるので理解しやすくなります．③では，**code**の値によってALUの処理を変えています．値が**ADD**であれば加算が，**SUB**であれば減算が，**ADC**であればキャリ付きの加算が，**INC**であればインクリメントが，**SRF**であれば右シフトが，**SLF**であれば左シフトが実行されます．
　この**INSTRUCTION**の定義は，ユーザ定義のデータ・タイプ宣言を使用せず，定数宣言を使用して，

```
package UPAC is
  constant ADD : std_logic_vector (2 downto 0) := "001";
  constant SUB : std_logic_vector (2 downto 0) := "010";
```

〈リスト4.8〉ビット長可変ALUの記述（合成された回路）

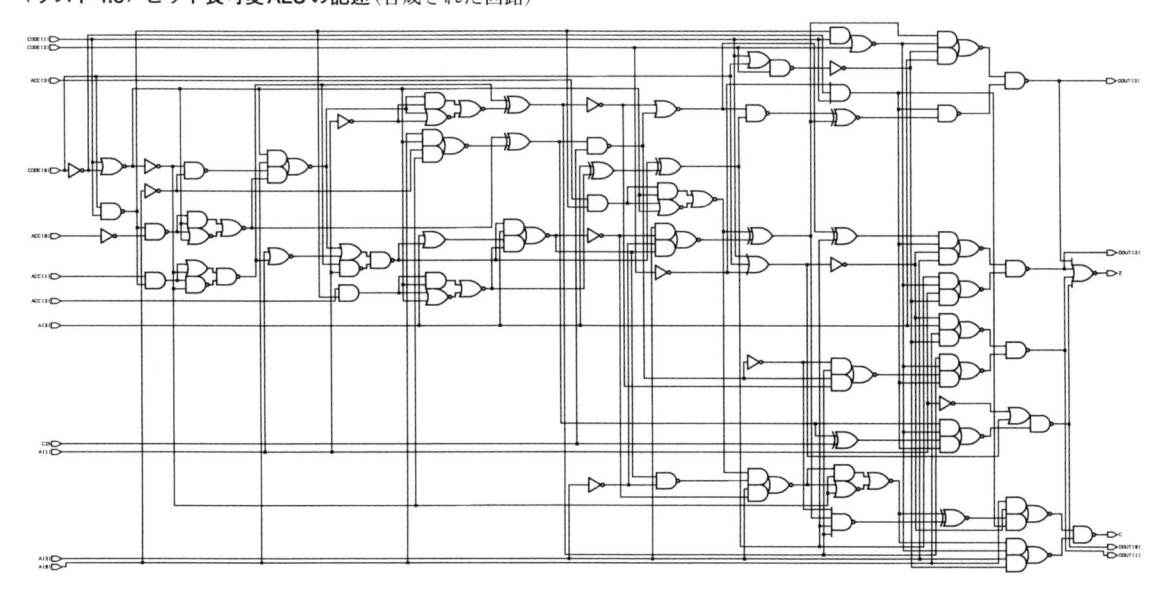

```vhdl
    constant ADC : std_logic_vector (2 downto 0) := "011";
    constant INC : std_logic_vector (2 downto 0) := "100";
    constant SRF : std_logic_vector (2 downto 0) := "101";
    constant SLF : std_logic_vector (2 downto 0) := "110";
        ⋮
end UPAC;
        ⋮
entity ALU is
    port (CODE : in std_logic_vector (2 downto 0);
        ⋮
    if (CODE = ADD) then …
    elsif (CODE = SUB) then …
```

と記述する方法もあります.

　ただしこの場合，ソースでは記述の読みやすさに変わりはないものの，シミュレーションの際に**ADD**や**ADC**などの値が数字に変化してしまうため，シミュレーションの結果がわかりにくくなります(**図4.4**).

　逆に**INSTRUCTION**というデータ・タイプをポートで使用すると，ロジック・ゲートを生成させたとき，データ・タイプがビット型の**std_logic_vector**に変わってしまいます.したがって，RTLのシミュレーション・パターンの記述をそのままロジック・ゲートのシミュレーションに使用できないという問題が生じます.そのときの状況によって記述スタイルを使い分けるようにしてください.

　ADD, **SUB**はロジック・ゲートを生成する際，ロジック値に変更されます.通常，何も指定しないと左から順に "000", "001", "010", "011", "100" と割り当てられます.

　Synopsys社の論理合成ツールでは，このロジック値を変更できるようになっています.ユーザ定義のアトリビュート(8.7節)を使用して，

```vhdl
attribute ENUM_ENCODING is STRING;
attribute ENUM_ENCODING of INSTRUCTION: type is
    "000 001 011 010 110 101";
```

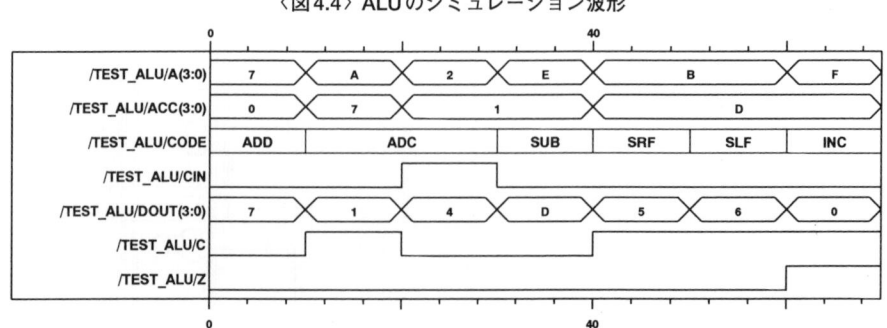

〈図4.4〉ALUのシミュレーション波形

/TEST_ALU/A(3:0)	7	A	2	E	B	F
/TEST_ALU/ACC(3:0)	0	7	1		D	
/TEST_ALU/CODE	ADD	ADC	SUB	SRF	SLF	INC
/TEST_ALU/CIN						
/TEST_ALU/DOUT(3:0)	7	1	4	D	5	6	0
/TEST_ALU/C						
/TEST_ALU/Z						

とすると，**ADD**には "**000**"，**SUB**には "**001**"，**INC**には "**010**" というように記述順に割り当てられます．

キャリ出力をサポートするために，演算結果**tmp**は**A**や**ACC**のビット長より1ビット長くなっています．VHDLの加減算は，演算する側の大きいほうのビット長に代入される側のビット長を合わせる必要があります．このため，演算される側の**A**について，

    ('0' & A)

と上位ビットに **'0'** を連接してビット長を合わせています．

また，キャリ・インは，④のように通常の加算に加えて，キャリ・イン信号**CIN**を単純に足すことによって実現します．

演算された結果は，⑤で**tmp**の下位**k**ビットをデータ出力，最上位ビットをキャリ・フラグ出力（減算時はボロー出力）として取り出しています．

⑥では**Z**フラグ**z**を出力させています．Zフラグは，演算結果のすべてのビットが **'0'** のときに **'1'** を出力する信号です．

4.6 配列タイプ

● 配列タイプ

配列は同じタイプのデータを集め，新たなデータ・タイプとして定義します．

    type データ・タイプ名 is array 範囲 of 元になるデータ・タイプ名;

ここで範囲の項に何も指定しないと**Integer**のデータ・タイプを使用することになります．

    type WORD is array (1 to 8) of std_logic;

もし**Integer**以外のデータ・タイプを使用する場合は，範囲を指定する前にデータ・タイプを指定します．

    type WORD2 is array (integer 1 to 8) of std_logic;
    type INSTRUCTION is (ADD, SUB, ADC, INC, SRL, SRF, LDA, LDB, XFR);
    subtype DIGIT is integer 0 to 9;
    type INSFLAG is array (INSTRUCTION ADD to SRF) of DIGIT;

配列はデータ・バスの定義やROM，RAMなどのシステムのモデル化に使用されます．
std_logic_vectorもこの配列タイプのデータ・タイプに属します．パッケージ**std_logic_1164**の中で，

```
type std_logic_vector is array (Natural range<>) of std_logic;
```

と宣言されています．範囲の指定で**range<>**と記述すると，この配列は範囲制限のない配列になります．この場合，範囲は信号宣言などによって使用する際に確定させることができます．

```
signal AAA : std_logic_vector (3 downto 0);
```

ファンクションやプロシージャ(第5章)の入出力に範囲制限のない配列を使用した場合は，その接続情報によって範囲が確定します．

● 多次元配列

多次元配列は範囲を二つ以上記述することによって実現します．ただし，多次元配列からロジック回路を生成することはできません．シミュレーション・パターンの作成やハードウェアのモデル化に限定して使用されます．

```
type memarray is array (0 to 5 , 7 downto 0) of std_logic;
constant ROMDATA : memarray :=(('0','0','0','0','0','0','0','0'),
                               ('0','1','1','1','0','0','0','1'),
                               ('0','0','0','0','0','1','0','1'),
                               ('1','0','1','0','1','0','1','0'),
                               ('1','1','0','1','1','1','1','0'),
                               ('1','1','1','1','1','1','1','1'));
signal DATA_BIT : std_logic;
       ⋮
DATA_BIT <= ROMDATA (3,7); -- '1'
```

この例は2次元ですが，3次元の場合には範囲を三つ記述します．

初期値を代入する場合，各範囲の一番左側を最初に記述します．上記の場合，(0, 7)が最初のビットになります．つづいて右側の範囲の一つ左に移動し，(0, 6)になります．以下順に(0, 5)，(0, 4)となり，(0, 0)までいくと左側の範囲が一つ左の(1, 7)に移動します．

多次元配列は，他のベクタ・タイプ(**std_logic_vector**など)に直接代入できないので，シミュレーション・パターンの作成以外にはあまり用いられません．ハードウェアのモデル化，あるいはロジック・ゲートの生成には，4.7節で説明する配列の多重定義を用います．

4.7　スタティックRAMのモデル化

● 配列の多重定義

リスト4.9はスタティックRAMのモデル化の記述です．ここでは，2次元配列を使用せず，③でまず**std_logic_vector**のサブタイプ**RAMWORD**を定義しています．そして④で**RAMWORD**の配列をもとにし

4.7 スタティックRAMのモデル化

〈リスト4.9〉スタティックRAMの記述

```
library IEEE;
use IEEE.std_logic_1164.all;
use IEEE.std_logic_unsigned.all;
entity SRAM is
    generic ( K : integer := 4;         ←──────── ① ジェネリック文. 方向の指定はない
              W : integer := 3);
                                                  ② 初期値の設定
    port ( WR,RD,CS : in std_logic;
           ADR  :in  std_logic_vector(W-1 downto 0);
           DIN  :in  std_logic_vector(K-1 downto 0);
           DOUT :out std_logic_vector(K-1 downto 0));
end SRAM;

architecture BEHV of SRAM is

subtype RAMWORD is std_logic_vector( k-1 downto 0); ←── ③ サブタイプRAMWORDの定義
type RAMARRAY is array ( 0 to 2**W-1) of RAMWORD;  ←── ④ 配列の2重定義

signal RAMDATA : RAMARRAY;
signal ADR_IN : integer range 0 to 2**W -1;
signal DIN_CHANGE,WR_RISE : time := 0 ps;

begin
    ADR_IN <= CONV_INTEGER(ADR);   ←──────────── ⑤ std_logic_vectorをintegerに変換
    process(WR) begin
       if(WR'event and WR='0') then
          if(CS = '1') then
             RAMDATA(ADR_IN) <= DIN after 2 ns; ←── ⑥ DINをアドレスADR_INで書き込み
          end if;
       end if;
       WR_RISE <= NOW;              ←──────────── ⑦ WRの立ち上がり時間をセーブ
       assert(NOW - DIN_CHANGE >= 800 ps)  ←──── ⑧ アサート文
       report "Setup Error DIN(SRAM)"               セットアップ時間のチェック
       severity WARNING;
    end process;
    process(RD,CS) begin
       if(RD='0'  and CS = '1') then
          DOUT <= RAMDATA(ADR_IN) after 3 ns;
       else
          DOUT <= ( others => '0') after 4 ns; ←── ⑨ ADR_INアドレスのデータの読み出し
       end if;
    end process;
    process(DIN) begin
       DIN_CHANGE <= NOW;      ←──────────────── ⑩ NOWは現在時間を表す定数. DINの変化時間をセーブ
       assert(NOW  - WR_RISE >= 300 ps)  ←───── ⑪ アサート文
       report "Hold Error DIN(SRAM)"              ホールド時間のチェック
       severity WARNING;
    end process;
end BEHV;
```

て，新しいデータ・タイプ`RAMARRAY`を配列の2重定義で宣言しています．`**`はべき乗で2の3乗，すなわち8が計算されています．べき乗は定数どうしの演算であればロジック回路生成に使用することができます．

データ・タイプ`RAMARRAY`で宣言された`RAMDATA`には，⑥で書き込みを，⑨で読み出しを行っています．図4.5にスタティックRAMのシミュレーション結果を示します．`CS`が'1'の状態で`RD`が'0'のとき書き込みが行われ，`WR`が'0'のとき読み出しが行われます．この配列の範囲は`Integer`で宣言されているので，ビットの切り出しは`Integer`で行う必要があります．

〈図4.5〉スタティックRAMのシミュレーション波形

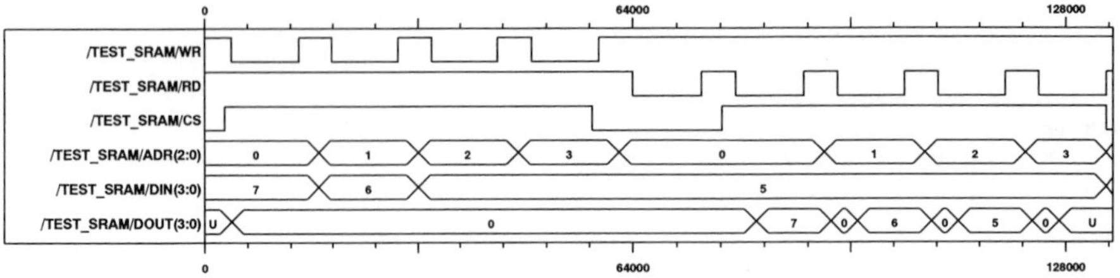

入力されたアドレス**ADR**は⑤でタイプ変換関数**CONV_INTEGER**によってデータ・タイプ**Integer**の**ADR_IN**に変換されています．

RAMDATAからアドレス**ADR_IN**を代入して取り出された信号のデータ・タイプは，**RAMWORD**になります．**RAMWORD**は，**std_logic_vector**のサブタイプなので，入力データ**DIN**からの代入や出力データ**DOUT**への代入を直接行えます．

もし，**RAMDATA**が**std_logic**の2次元配列で定義されていた場合は，この代入にデータ・タイプ変換が必要になります．したがって，ロジック回路を生成させない場合でも，2次元配列を使用するよりも配列の2重定義を使用したほうがモデル化しやすいと言えます．この配列の2重定義から，元のデータの1ビットを取り出す場合は，

```
signal BIT_DATA : std_logic;
BIT_DATA <= RAMDATA (3)(2);
```

と範囲を二つ並べて取り出します．左側に書かれた範囲が**RAMARRAY**の範囲で，右側が**RAMWORD**の範囲となります．

● ジェネリック文

③，④のデータ・タイプ宣言で使用されているビット長**K**，ワード・サイズのビット長**W**は，①のジェネリック文によって上位階層からデータを渡しています．

ジェネリック文は，このように配列のビット長などのパラメータのほか，そのデバイスの遅延時間などの環境情報を渡す場合にも使用されます．

ジェネリック文は，エンティティ宣言の中のポート文の前に記述します．記述形式はポート文とほぼ同じですが，情報を上位階層から渡すだけなので**in**や**out**といった方向指定はありません．上位階層からは，ポート文が**port map**によってデータが渡されるのに対して，ジェネリック文は**generic map**によってデータが渡されます．

```
U1 : SRAM generic map (K => 8 ; W => 256)
        port map (WR => NET1 , RD => NET2 , CS => NET3,
              DIN => RAMIN , DOUT => RAMOUT);
```

②では**:=**によって初期値を定義しています．上位階層にジェネリックの記述がない場合には，この値が使用されます．

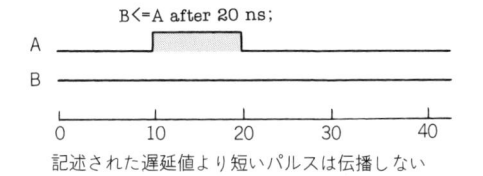

〈図4.6〉慣性遅延　　　　　　　　　　　　　〈図4.7〉伝播遅延

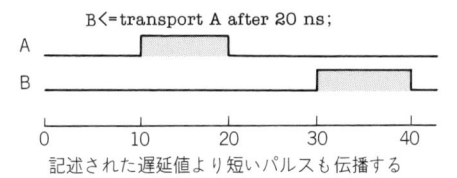

```
B<=A after 20 ns;                        B<=transport A after 20 ns;
```

記述された遅延値より短いパルスは伝播しない　　　　記述された遅延値より短いパルスも伝播する

● 遅延値の設定

⑥，⑨では，**after**によって遅延値を設定しています．

　　信号　<=　値　**after**　時間を表す式；（慣性遅延）

afterによって単純に遅延値が書かれた場合は慣性遅延と呼ばれ，遅延値よりも短いパルスはいっさい伝達されません（図4.6）．慣性遅延は，入力値がある時間を経過するまで保持しなければ動作しないようなデバイスに適用されます．RAMモデルの場合は，書き込み信号**WR**と読み出し信号**RD**が一定の時間保持されないと書き込み/読み出しが行われないので，この慣性遅延を使用します．

慣性遅延に対して，どんなに短いパルスでも伝達されるのが伝幡遅延です．伝幡遅延は，遅延式の前に**transport**と記述します（図4.7）．

　　信号　<= **transport**　値　**after**　時間を表す式；（伝幡遅延）

　　A <= transport '0' after 2 ns;

信号が配線を通ることで遅れるような場合には，この伝幡遅延を使用します．

● アサート文（セットアップ/ホールド時間のチェック）

⑥で**WR**信号の立ち上がりエッジによって書き込みが行われる際，このRAMモデルは入力信号**DIN**の値がある一定期間，確定していなければなりません．シミュレーションを行う際，もしこの期間に**DIN**の値が変化した場合にはワーニング・メッセージを出力する必要があります．

VHDLでは，このメッセージ出力を行わせるためのコマンドとしてアサート文が用意されています．

　　assert　条件　[**report**　出力メッセージ]　[**severity**　レベル]

　　レベル：**NOTE, WARNING, ERROR, FAILURE**

条件が**FALSE**の場合，アサート文はメッセージを出力します．
severityは，そのメッセージの重要度を表します．**NOTE**であれば参考までという意味になり，**WARNING**は重要注意事項，**ERROR**は禁止事項，**FAILURE**は特別禁止事項という意味になります．通常，**ERROR**や**FAILURE**の場合，シミュレータはそこで実行を停止します．**severity**レベルを設定しない場合には**ERROR**が選択されます．

〈図4.8〉
RAMへの書き込みタイミング

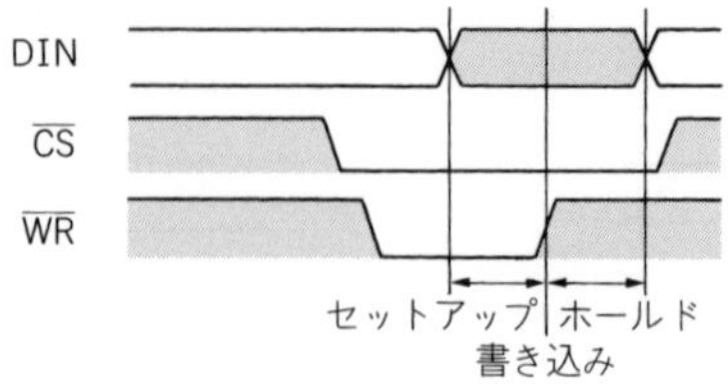

　このRAMモデルでは，図4.8のように**WR**の立ち上がりエッジに対してセットアップ時間とホールド時間をチェックします．

　セットアップ時間のチェックでは，まず⑩で**DIN**が変化した時間を**DIN_CHANGE**に代入しておきます．**NOW**は現在時間を表す標準関数です．次に**WR**の立ち上がりエッジが検出されたとき，再び⑧の**NOW**でその時間を検出し，その時間から**DIN_CHANGE**を引いた値が800 ps以下であればメッセージを出力します．

　ホールド時間は，逆に⑦で現在時間を**WR_RISE**に代入しておき，⑪で**DIN**が再び変化したときにチェックします．

　実際には，**WR**の立ち上がりエッジに対する**DIN**のチェックだけでなく，**ADR**と**CS**についても同じようにタイミング・チェックを行う必要がありますが，ここでは単純にするために省略しています．

　このSRAMの記述は，タイミング・チェックの記述を除けばロジック回路の生成に利用できます．ただし，生成できるのは実際のSRAMデバイスではなく，フリップフロップで構成されたSRAMになります．その場合，**after**で設定された時間は無視されます．

4.8　タイプ変換

　VHDLはデータ・タイプに厳密な言語で，異なるデータ・タイプどうしの演算や代入が行えません．代入を行うためには，代入される側のデータ・タイプに変換する必要があります．

　VHDLにはタイプ変換と呼ばれる文法があります．

　　データ・タイプ名（式）；

この文法は，**Integer**と**Real**を変換する場合にも，問題なく使用することができます．

```
signal AREAL : real;
signal AINT : integer;

AREAL <= 3.1415*2 + 0.2;
AINT <= integer (AREAL);
```

　配列の場合も要素が変換可能であって，かつ要素の数が同じであれば変換することができます．

```
signal A,B : std_logic_vector (7 downto 0);
```

〈表4.3〉
タイプ変換関数

関数名	機　能
▶ std_logic_1164 パッケージ	
`To_stdlogicvector(A)`	bit_vector から std_logic_vector への変換
`To_bitvector(A)`	std_logic_vector から bit_vector への変換
`To_stdlogic(A)`	bit から std_logic への変換
`To_bit(A)`	stc_logic から bit への変換
▶ stc_logic_arith	
`CONV_std_logic_vector(A, ビット幅)`	integer, unsigned, signed から std_logic_vector への変換
`CONV_INTEGER(A)`	unsigned, signed から integer への変換
▶ std_logic_unsigned パッケージ	
`CONV_INTEGER(A)`	std_logic_vector から integer への変換

```
signal SUM : unsigned (7 downto 0);

SUM <= unsigned(A) + unsigned(B);
```

しかし，この文法では`Integer`と配列の変換が行えません．また配列どうしの変換にも制限があり，使用方法が限定されています．

そのため，`std_logic_1164`，`std_logic_arith`，`std_logic_unsigned`にはタイプ変換関数が用意されています(表4.3)．

`Integer`と`std_logic_vector`の変換は，リスト4.4やリスト4.9のような場合によく使用されます．

そのほかに，VHDL'87では`bit_vector`から`std_logic_vector`への変換がよく使用されます．VHDL'87の場合，`std_logic_vector`への値の代入は2進数でしか表現できませんでした．一方，ビット・ベクタは2進数のほか，16進数や8進数で表すことも可能です．また，ビット・ベクタは_を使用して値を区切ることも可能です．そのため，`bit_vector`で数値を表現し，To_stdlogicvector関数で`std_logic_vector`に変換した後，代入するようなこともありました．

VHDL'93では文法が改訂され，std_logic_vectorでも8進数，16進数，区切り文字_を使用できるようになりました．ただし，To_stdlogicvector関数による変換は文法エラーになってしまいます．

```
signal A : bit_vector(11 downto 0);
signal B : std_logic_vector(11 downto 0);
A <= X"AF8"               -- bit_vectorには代入可能（X:16進数，O:8進数，B:2進数)
B <= X"AF8"               -- VHDL'87では文法エラー，VHDL'93では代入可能
B <= B"1010_0111_1111"    -- 区切り文字の使用，VHDL'87では文法エラー
B <= To_stdlogicvector(X"B75");  -- VHDL'87では代入可能，VHDL'93では文法エラー
```

VHDL'93ではB，O，Xの基底表現をbit_vectorとstd_logic_vectorの双方で使用できるため，単純に記述するとデータ・タイプがあいまいと判断されてしまいます．VHDL'87で記述されたVHDLソースをVHDL'93仕様のシミュレータや論理合成ツールで使用するときは，To_stdlogicvector関数を使用している部分を記述し直してください．

4.9 タイプ限定式

VHDLでは，記述された文字列は文脈からそのデータ・タイプを判断します．例えば，

```
signal A : std_logic_vector (7 downto 0);
A <= "01101010";
```

では，"01101010"は文脈から**string**や**bit_vector**ではなく，**std_logic_vector**と判断されます．しかし，記述によっては文脈から判断できないケースもあります．

例：
```
case (A & B & C) is
  when "001" => Y <= "01111111";
  when "010" => Y <= "10111111";
       :
end case;
```

この例では**A & B & C**のデータ・タイプが確定しないのでエラーになります．
この場合は，タイプ限定式を使用し，その文字列のデータ・タイプを限定します．タイプ限定式はデータ・タイプ名に'を付加します．

```
A <=std_logic_vector' ( "01101010" );

Subtype std3bit is std_logic_vector (0 to 2);
case std3bit' (A & B & C) is
  when "000" => Y <= "01111111";
  when "001" => Y <= "10111111";
```

タイプ限定式はタイプ変換と文法が似ているので，注意してください．

4.10 レコード・タイプ

配列は一つの要素が複数個集まったものであるのに対して，レコード・タイプは複数の要素が異なる名前をもって集まったものです．

```
type データ・タイプ名 is record
    要素名：データ・タイプ名；
    要素名：データ・タイプ名；
```

```
         :
   end record;
```

レコード・タイプのデータ・タイプから要素を取り出す場合には，．を使用します．

```
   type BANK is record
      ADDR0 : std_logic_vector (7 downto 0);
      ADDR1 : std_logic_vector (7 downto 0);
      R0 : integer;
      INST : INSTRUCTION;
   end record;
   signal ADDBUS1,ADDBUS2 : std_logic_vector (31 downto 0);
   signal RESULT : integer;
   signal ALU_CODE : INSTRUCTION;
   signal R_BANK : BANK : = ( "00000000", "00000000",0,ADD);

   ADDBUS1 <= R_BANK.ADDR1;
   R_BANK.INST <= ALU_CODE;
```

レコードは，SCSIなどのバスを表現する場合や通信プロトコルを表現する場合に便利です．レコード・タイプは，ロジック回路を生成させるとき，分けられてしまいます．そのため，ロジック回路生成のためというよりも，システム・レベルのシミュレーションのために利用されています．

第5章
サブプログラム

5.1 サブプログラムとは

● サブプログラム宣言とサブプログラム文

　サブプログラムは，値を計算して結果を返却するプログラムのブロックです．よく使用される計算式などをサブプログラム化して繰り返し使用すると便利です．

　サブプログラムは，そのサブプログラムが呼ばれたときに初期化され，実行が終わるとプログラムを終了し，再度呼ばれた際に再び初期化されます．したがって内部に値を保持することはできません．サブプログラムは再帰呼び出しが可能です．

　サブプログラムにはファンクション文とプロシージャ文があります．

```
function ファンクション名 (入力パラメータ・リスト) return データ・タイプ名 is
    {宣言文}
begin
    {順次処理文}    -- return文で値を返す
end [ファンクション名];

procedure プロシージャ名 (入出力パラメータ・リスト) is
    {宣言文}
begin
    {順次処理文}
end [プロシージャ名];
```

　ファンクション文とプロシージャ文の違いは，ファンクション文が戻り値をもつのに対して，プロシージャ文には戻り値がないことです．逆に，ファンクション文が入力パラメータしか渡せないのに対して，プロシージャ文は出力パラメータを渡すこともできます．また，ファンクション文が時間の次元をもつことができず，**wait**や**after**が使用できないのに対して，プロシージャ文では使用可能です．

　サブプログラムはアーキテクチャ文の**architecture**と**begin**の間に記述することも可能ですが，複数のアーキテクチャ文で使用するため，通常はパッケージ文の中に記述します．

サブプログラムは，パッケージ文内には宣言文しか記述することができず，サブプログラムの本体はパッケージ・ボディ内に記述します．サブプログラム宣言は，サブプログラム文の **is** 以下がない記述になります．

● パッケージ・ボディ

パッケージ・ボディは，パッケージと同じ名まえに **body** の一語を付け加えることによって記述します．

  package body パッケージ名 **is**
    {文}
  end [パッケージ名] ;

通常，パッケージ・ボディ文には，ファンクション文の本体とプロシージャ文の本体のみを記述します．リスト5.1の②がパッケージ・ボディの使用例です．**BPAC** パッケージ内にはファンクション宣言だけを記述し，パッケージ・ボディ文内にそのファンクション文の中身を記述しています．

〈リスト5.1〉MAX関数の記述（ファンクション文の記述例）

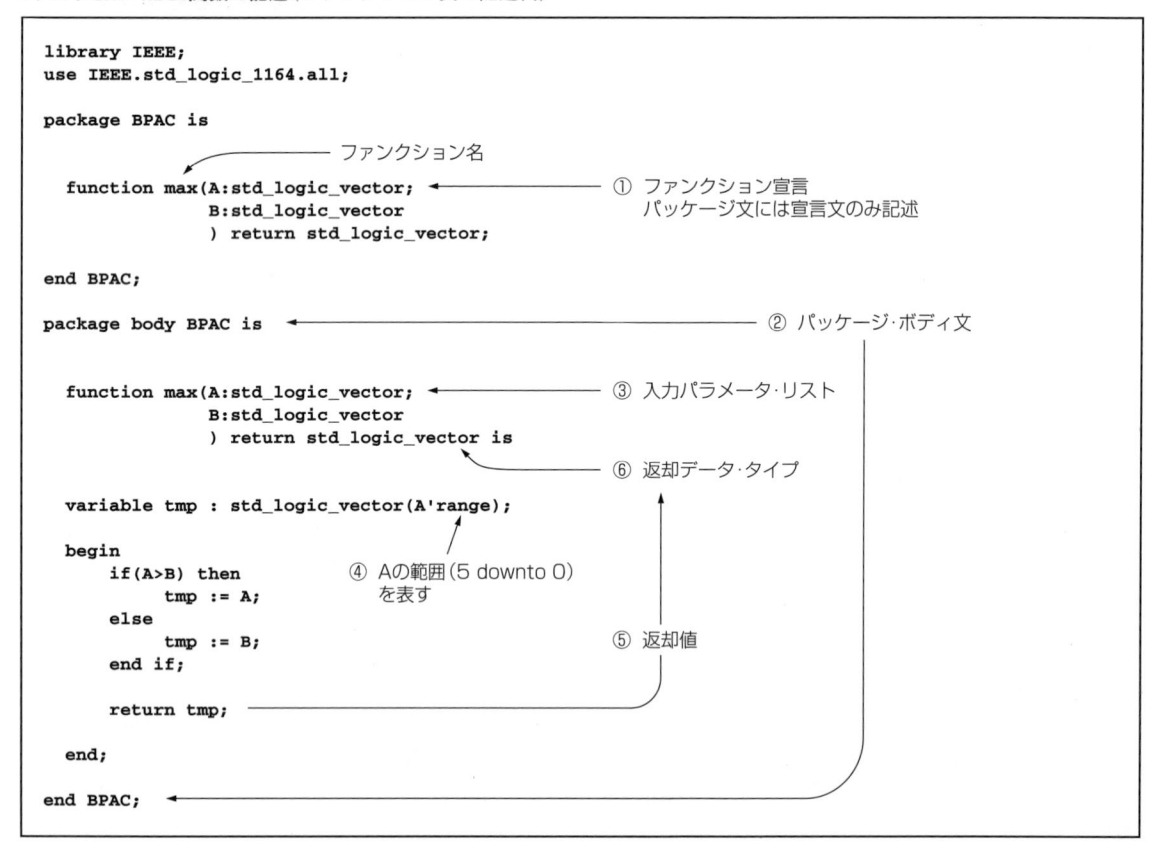

```
library IEEE;
use IEEE.std_logic_1164.all;

package BPAC is

                          ファンクション名
  function max(A:std_logic_vector;   ←――――― ① ファンクション宣言
              B:std_logic_vector              パッケージ文には宣言文のみ記述
              ) return std_logic_vector;

end BPAC;

package body BPAC is    ←――――――――――――――――― ② パッケージ・ボディ文

  function max(A:std_logic_vector;   ←――――― ③ 入力パラメータ・リスト
              B:std_logic_vector
              ) return std_logic_vector is
                                     ←――――― ⑥ 返却データ・タイプ
  variable tmp : std_logic_vector(A'range);

  begin
      if(A>B) then          ④ Aの範囲(5 downto 0)
          tmp := A;            を表す
      else
          tmp := B;                    ⑤ 返却値
      end if;

      return tmp;

  end;

end BPAC;
```

5.2 ファンクション文

● 入力パラメータ

リスト5.1の③がファンクション文です．入力信号とそのデータ・タイプをかっこの中に記述しています．ファンクション文は入力しかないのでポートの方向**in**は省略可能です．ファンクション文に入力された値は，この入力パラメータに値がコピーされます．もしここで何も指定しないと，この値はファンクション文内で定数**constant**として扱われます．

リスト5.1の入力パラメータ**A**，**B**にはデータ・タイプ**std_logic_vector**の範囲(5 downto 0)が指定されていません．範囲が指定されていない場合，この入力パラメータには呼ぶ側の範囲がコピーされます．

リスト5.2は，リスト5.1のファンクション**max**を使用してピーク・ディテクタを記述した例です．入力信号**SET**に'1'が入力されると回路は初期化され，その後，クロック信号**CLK**の立ち上がりエッジごとにデータを取り込み，それまででいちばん大きい値を出力します．

リスト5.2の③では，**std_logic_vector (5 downto 0)**の**DATA**，**PEAK**がファンクション**max**の入力**A**，**B**にコピーされているので，5 downto 0の範囲が指定されることになります．

このようにファンクション文，プロシージャ文は呼び出す側のつごうによって，ビット長がその時々で違っても動作するように記述することも可能です．

また，入力パラメータの範囲を指定して，

```
function max (A: std_logic_vector (5 downto 0);
              B: std_logic_vector (5 downto 0))
       return std_logic_vector
```

と記述することもできますが，この場合，6ビット以上，あるいは4ビット以下の幅をもった信号を渡されるとエラーになります．

● アトリビュート

リスト5.1の④では変数**tmp**が宣言されています．**A'range**は配列タイプに付くアトリビュート(属性)で，配列の範囲を表します．リスト5.2の③で**A**は，5 downto 0の範囲が渡されているので，**A'range**はこの範囲を表すことになります．

範囲などをそのまま数字で記述してしまうとビット長可変にすることができません．ビット長が可変のサブプログラムを記述する場合は，このアトリビュートを使用して実際の数字を記述する代わりにします．

rangeのほかによく使用されるアトリビュートとして，

```
A'right    -- いちばん左の値
A'left     -- いちばん右の値
A'high     -- いちばん高い値
A'low      -- いちばん低い値
```

〈リスト5.2〉ピーク・ディテクタの記述（ファンクション文の記述例）

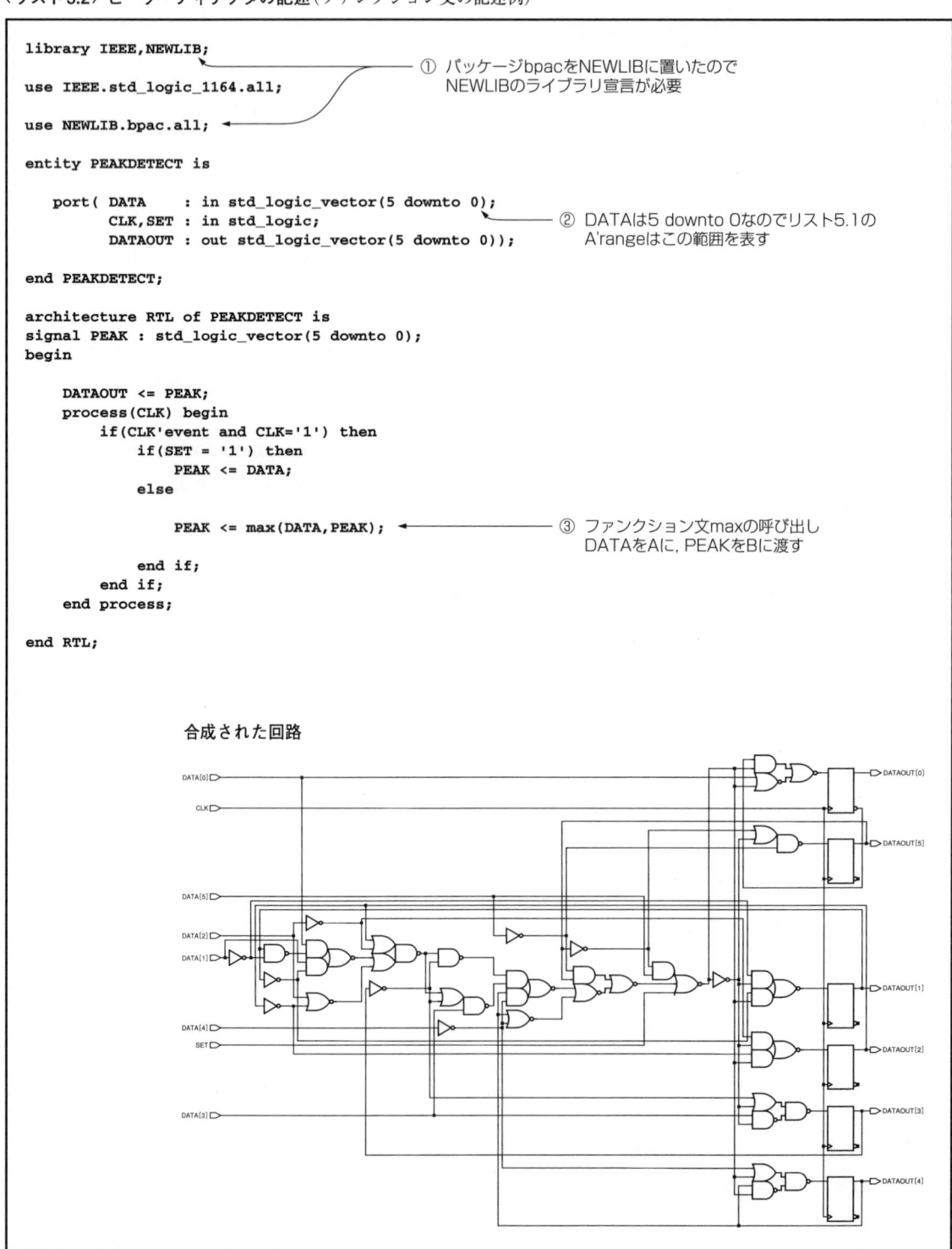

```
library IEEE,NEWLIB;

use IEEE.std_logic_1164.all;

use NEWLIB.bpac.all;

entity PEAKDETECT is

   port( DATA     : in std_logic_vector(5 downto 0);
         CLK,SET  : in std_logic;
         DATAOUT  : out std_logic_vector(5 downto 0));

end PEAKDETECT;

architecture RTL of PEAKDETECT is
signal PEAK : std_logic_vector(5 downto 0);
begin

    DATAOUT <= PEAK;
    process(CLK) begin
        if(CLK'event and CLK='1') then
            if(SET = '1') then
                PEAK <= DATA;
            else

                PEAK <= max(DATA,PEAK);

            end if;
        end if;
    end process;

end RTL;
```

① パッケージbpacをNEWLIBに置いたのでNEWLIBのライブラリ宣言が必要

② DATAは5 downto 0なのでリスト5.1のA'rangeはこの範囲を表す

③ ファンクション文maxの呼び出し DATAをAに，PEAKをBに渡す

合成された回路

```
A'length  -- 範囲の長さ
S'event   -- 信号の値の変化
```

などがあります．詳しくは8.7節と付録Bを参照してください．
　ファンクションに入力される信号は，何も指定しないと**constant**としてコピーされます．入力信号はファンクション内部で代入できないので，通常はこれで問題ありません．しかし，**event**などの信号状態を表すアトリビュートは**signal**にしか付きません．この場合はパラメータの前に**signal**を記述します．

```
function CLK_rise_edge (signal S : std_logic) return boolean is
begin
  return (CLK'event and CLK = '1');
end;

process (CLK) begin
  if (CLK_rise_edge) then
      ⋮
  end if;
end process;
```

● 出力パラメータ

　ファンクション内部で計算された値は，return文によって返します．リスト5.1の例では入力信号**A**，**B**のうち，大きいほうの数が**tmp**に代入されています．この**tmp**の値をリスト5.1の⑤の**return**によって返していますが，返される値は⑥で指示されたデータ・タイプでリスト5.2の**PEAK**に代入されます．ファンクション文によって返される値は，信号**signal**にも変数**variable**にも代入することが可能です．
　⑥のデータ・タイプの指定では，入力パラメータと異なり，範囲を指定することができません．範囲はリスト5.2で代入される信号，変数の範囲が適用されます．

5.3　可変長デコーダ/エンコーダ

● デコーダの記述

　2.4節でcase文，if文を使用したデコーダ/エンコーダの記述例を紹介しました．本節では，ファンクション文を使用してビット長可変デコーダ/エンコーダを記述します．
　リスト5.3の①がデコーダの記述です．2.4節の記述例は負論理で書かれており，デコード・ビットのみ**'0'**を出力していますが，この記述は正論理で，デコード・ビットのみ**'1'**を出力するようにしています．
　デコーダでは，入力ビット長の2のべき乗が出力ビット長になります．②の変数**TMP**は，入力信号**A**の範囲をアトリビュート**A'length**によって宣言しています．③では②で宣言した**TMP**のすべてのビットに**'0'**を代入し，その後，デコード値のビットのみを④で**'1'**に書き直して出力しています．

● エンコーダの記述

リスト5.3の⑤がプライオリティ・エンコーダの記述です．この記述はデコーダと同じく正論理で書かれています．2.4節ではプライオリティ・エンコーダを **if-elsif** を使用して記述していますが，ここでは **elsif** の代わりにfor-loop文を使用してビット長可変に対応しています．

現在のところVHDLではlog関数がサポートされていません．そのため，デコーダでは出力ビット長を2のべき乗**で記述しましたが，エンコーダでは出力のビット長をパラメータ **K** として入力しています．⑥ではループ変数 **I** をタイプ変換関数 **CONV_UNSIGNED** によって **unsigned** に変換し，それからタイプ変換で **std_logic_vector** に変換して出力しています．これはタイプ変換関数 **CONV_STD_LOGIC_VECTOR** では **std_logic_vector** が符号付きなのか符号なしなのかわからないためです．

⑥のreturn文では，**A(I)='1'** ならばこのファンクション文を終了し，値を返すように記述しています．入力信号 **A** のすべてのビットが '0' の場合は，このfor-loop文を最後まで実行して⑦に移ります．ループ

〈リスト5.3〉可変長デコーダ/エンコーダの記述

```vhdl
library IEEE;
use IEEE.std_logic_1164.all;
use IEEE.std_logic_arith.all;
use IEEE.std_logic_unsigned.all;
package CODEPAC is
   function DECODER ( A: in std_logic_vector )
                                 return std_logic_vector;
   function PENCODER ( A: in std_logic_vector; K: integer )
                                 return std_logic_vector;
end CODEPAC;
package body CODEPAC is

   function DECODER ( A: in std_logic_vector )    ←―― ① デコーダの記述
                      return std_logic_vector is

   variable TMP : std_logic_vector(2**(A'length)-1 downto 0);
   variable A_INT : integer;
                                         ―― ② Aの範囲を表すアトリビュート
   begin
      TMP := (others>'0');        ←―― ③ TMPのすべてのビットに'0'を代入
      A_INT := CONV_INTEGER(A);
      TMP(A_INT) := '1';          ←―― ④ デコード・ビット(A_INT)にのみ'1'を代入
      return TMP;
   end DECODER;

   function PENCODER( A: in std_logic_vector; K: integer )
                       return std_logic_vector is   ←―― ⑤ プライオリティ・エンコーダの記述
   variable TMP : std_logic_vector(K-1 downto 0);         Kは出力ビット長
   variable A_INT : integer;
   begin
      for I in A'range loop
         if(A(I) = '1') then
           return std_logic_vector(CONV_UNSIGNED(I,K));  ←―― ⑥ 入力ビットの中に'1'があれば出力
         end if;
      end loop;
      return std_logic_vector(CONV_UNSIGNED(A'right,K));
   end PENCODER;
                                      ―― ⑦ Aのいちばん右側を表すアトリビュート
end CODEPAC;
```

変数 I は for-loop 文の内部でしか使用できないので，⑦では I の代わりにアトリビュート **A'right** によって A のいちばん左側のビット位置を取り出しています．

　デコーダ/エンコーダのように何度も繰り返し使用するような回路は，サブプログラムでビット長可変にして定義しておくと便利です．しかし，サブプログラム内部では，信号宣言 **signal** を使用することが

〈リスト 5.3〉可変長デコーダ/エンコーダの記述（合成された回路）

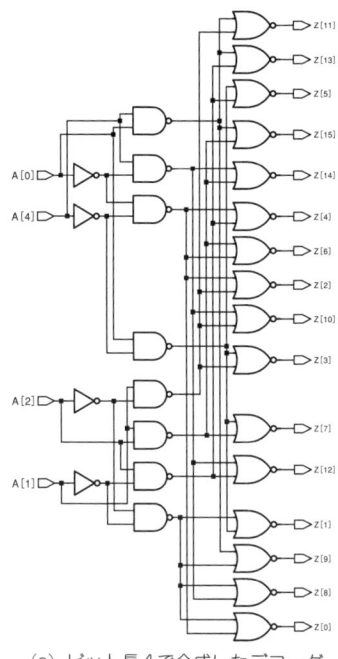

(a) ビット長 4 で合成したデコーダ

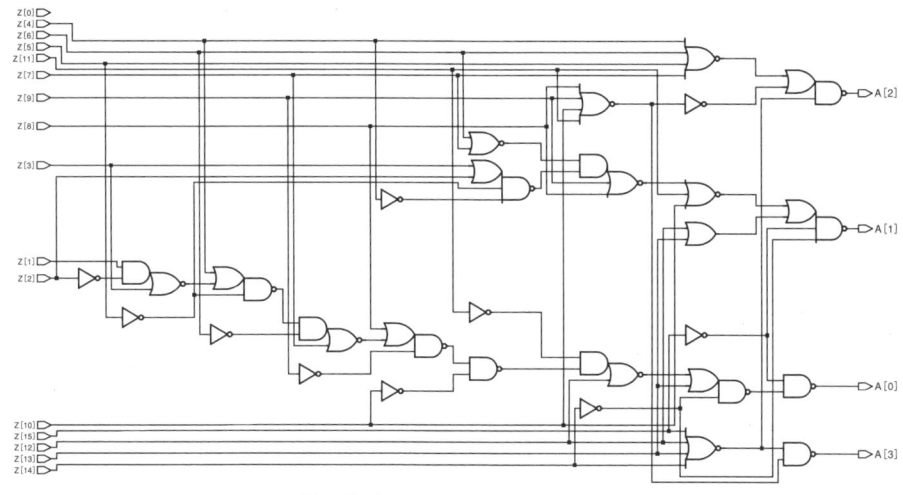

(b) ビット長 16 で合成したエンコーダ

できず，変数宣言`variable`を使用する必要があります．変数を使用した記述の場合，**リスト5.3**のように一見しただけではその記述からどのようなロジック回路が生成されるのかが想像できません．

変数を利用してロジック回路生成可能な記述を作成するには，ある程度の熟練が必要となってきます．注意して記述しないと冗長なロジックを生成したり，シミュレーション結果と異なる回路を生成してしまいます．

サブプログラムは，多くの人が共有できるところにメリットがあります．大規模なロジック回路の設計では，一つのASICの開発に何人もの人が携わることになります．その場合，VHDLを熟知した人がファンクション文やプロシージャ文を作成し，プロジェクトのほかのメンバに提供するとよいでしょう．

5.4 オーバロード・ファンクション

● オーバロード

ファンクション文やプロシージャ文については，入出力パラメータの異なる複数のファンクション文，プロシージャ文を定義することができます．

リスト5.4は，2の補数を求める関数`HOSUU2`を入力パラメータの違いによって二つ定義している例です．①の入力信号`A`のデータ・タイプは`std_logic_vector`ですが，②は`integer`になっています．この関数について，**リスト5.5**のようにデータ・タイプ`std_logic_vector`の信号が入力`A`に代入されると，**リスト5.4**の①が選択されます．もし，データ・タイプ`integer`の信号が入力`A`に代入されると，②が選択されます．

このように同じサブプログラム名で，データ・タイプや入力パラメータ名，あるいは入力パラメータの個数の異なるいくつものサブプログラムを定義することができます．この機能はサブプログラムのオーバロードと呼ばれています．オーバロード・ファンクションの中のどのファンクションが呼ばれるかは，それが呼ばれたときに決定されます．該当するものがないような場合，あるいは該当するものが二つ以上存在するような場合には文法エラーになります．例えば，

```
function COS (RAD : real) return real; -- ①
function COS (PI : real) return real;  -- ②
```

という二つのファンクションが定義されていた場合，名まえによる関連付けで，

```
A <= COS (PI => 3.1415);
```

と呼ぶと②のファンクションが選択されますが，位置による関連付けで，

```
A <= COS (3.1415);
```

と呼ぶと，二つのファンクションのうちのどちらを選択するかの区別がつかなくなり，文法エラーになります．

〈リスト5.4〉2の補数関数の記述（オーバロード・ファンクションの記述例）

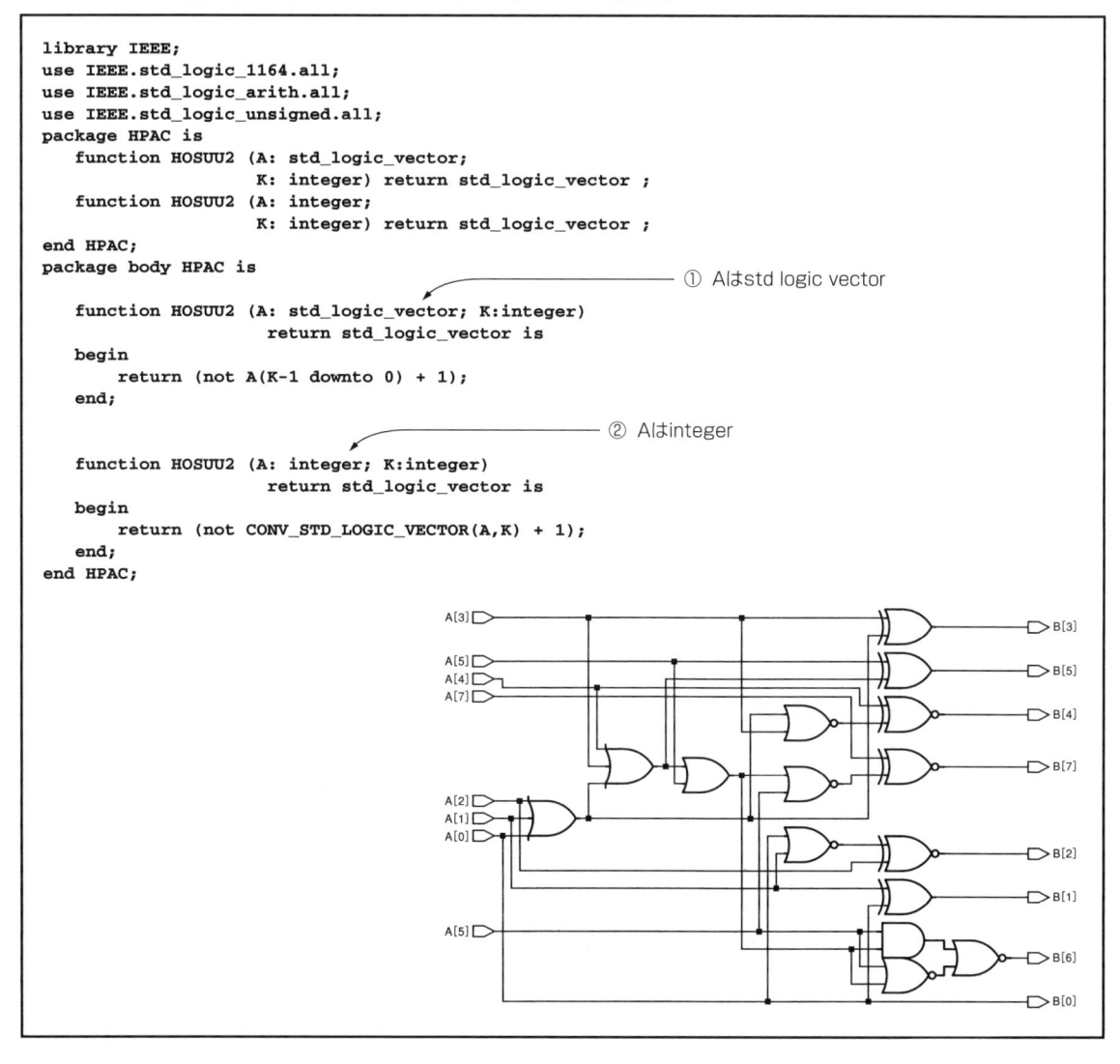

```
library IEEE;
use IEEE.std_logic_1164.all;
use IEEE.std_logic_arith.all;
use IEEE.std_logic_unsigned.all;
package HPAC is
    function HOSUU2 (A: std_logic_vector;
                     K: integer) return std_logic_vector ;
    function HOSUU2 (A: integer;
                     K: integer) return std_logic_vector ;
end HPAC;
package body HPAC is
                                              ① Aはstd logic vector
    function HOSUU2 (A: std_logic_vector; K:integer)
                     return std_logic_vector is
    begin
        return (not A(K-1 downto 0) + 1);
    end;
                                              ② Aはinteger
    function HOSUU2 (A: integer; K:integer)
                     return std_logic_vector is
    begin
        return (not CONV_STD_LOGIC_VECTOR(A,K) + 1);
    end;
end HPAC;
```

● 演算子オーバロード

VHDLでは定義済みの演算子をオーバロードすることができます．例えば，算術演算子は，VHDLの基本仕様では**Integer**と**Real**に対してのみ定義されています．

パッケージ**std_logic_arith**や**std_logic_unsigned**では，このほかに**std_logic_vector**どうしでの算術演算を可能にするため，ファンクションをオーバロードしています．演算子のファンクション名は，" "で囲みます．入力パラメータのうち，最初に書かれたパラメータは演算子の左側に，2番目に書かれたパラメータは右側になります．+を例にとると，パッケージ**std_logic_unsigned**の中で，

⟨リスト5.5⟩ オーバロード・ファンクションの呼び出し

```
library IEEE;
use IEEE.std_logic_1164.all;
use work.HPAC.all;
entity foo is
   port(A: in  std_logic_vector(7 downto 0);
        B: out std_logic_vector(7 downto 0));
end;
architecture RTL of foo is
begin

    B <= HOSUU2(A,8);
                    ── ① Aはstd_logic_vector(7 downto 0)
```

```
function "+" (L: std_logic_vector; R: std_logic_vector) return
  std_logic_vector;
function "+" (L: std_logic_vector; R: integer) return std_logic_vector;
function "+" (L: std_logic_vector; R: std_logic) return std_logic_vector;
function "+" (L: integer; R: std_logic_vector) return std_logic_vector;
function "+" (L: std_logic; R: std_logic_vector) return std_logic_vector;
```
注：std_logic_arithの中でもsigned, unsignedに対する算術演算が定義されている

と定義されています．

5.5 グレイ・コード・カウンタの記述

● グレイ・コード

　ファンクション文を利用した最後の記述例として，ビット長可変のグレイ・コード・カウンタの記述例を紹介します．

　表5.1にバイナリ・コードとグレイ・コードの比較を示します．グレイ・コードはつねに1ビットずつしか変化しないという特徴を持っており，計測器などとのインターフェースによく使用されます．例えば，7はバイナリ・コードで"0111"で，8はバイナリ・コードで"1000"です．そのため，値が7から8に変わるとき，4ビットのすべてが変化してしまいます．変化するビットが多いということは，それだけ回路に流れる電流が多くなるので，誤りが生じやすくなります．CMOSで構成されたロジック回路では気にすることはないのですが，計測器などで値を計測する場合には問題になってきます．

　一方，グレイ・コードでは"0100"から"1100"へと1ビット変化するだけなので，このような心配はありません．

　また，各ビットが変化する時間には微妙な違いがあります．バイナリ・カウンタの場合，この違いにより，カウント信号をデコードしたときにハザードが発生してしまう可能性があります．もちろん，同期式回路では問題ないのですが，カウント出力を外部素子とつなぐような場合に問題となってきます．

　3.3節で紹介したジョンソン・カウンタもつねに1ビットしか変化しませんが，カウント数の1/2個のフ

〈表5.1〉バイナリ・コードとグレイ・コード

10進数	2進数	グレイ・コード
0	0000	0000
1	0001	0001
2	0010	0011
3	0011	0010
4	0100	0110
5	0101	0111
6	0110	0101
7	0111	0100
8	1000	1100
9	1001	1101
10	1010	1111
11	1011	1110
12	1100	1010
13	1101	1011
14	1110	1001
15	1111	1000

〈図5.1〉バイナリ・コードとグレイ・コードの相互変換

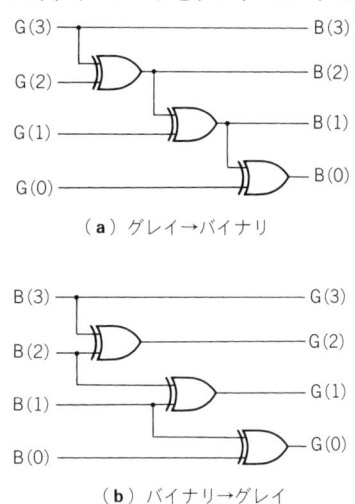

（a）グレイ→バイナリ

（b）バイナリ→グレイ

リップフロップが必要となるため，カウント値の大きい回路には向いていません．グレイ・コード・カウンタは，バイナリ・カウンタと同じ数のフリップフロップで構成することができます．

ただし，グレイ・コードにはこのような利点がある反面，演算回路には適さないという欠点もあります．

● グレイ・コードへの変換

グレイ・コードは，通常バイナリ・コードに変換して演算します．グレイ・コードとバイナリ・コードは，図5.1のように簡単に変換することができます．グレイ・コード・カウンタの記述も，XORを用いてバイナリに変換しています．

リスト5.6にビット長可変のグレイ・コード・カウンタの記述例を示します．①では，まずグレイ・コードのインクリメンタのファンクションを作成しています．②のfor-loop文によって，入力信号をバイナリ・コード**BINARY**に変換しています．その後，③で**BINARY**に1を足し，④で今度はバイナリ・コードからグレイ・コードに変換して出力しています．

このグレイ・コードのインクリメンタのファンクションは，リスト5.7の②で呼び出されています．現在のカウント値をこのファンクション文に渡し，返される値は次のクロックの立ち上がりエッジでラッチされます．

この記述では，ビット長は①のジェネリック文によって上位階層で指定され，この**K**のビット長の**COUNT_IN**をファンクション文に渡しています．

〈リスト5.6〉グレイ・コードのインクリメンタの記述

```
library IEEE;
use IEEE.std_logic_1164.all;
use IEEE.std_logic_unsigned.all;
package my_pac is
   function GRAYINC ( CIN : in std_logic_vector) return std_logic_vector;
end my_pac;
package body my_pac is                    ── ① グレイ・コード・インクリメンタのファンクション文

function GRAYINC ( CIN : in std_logic_vector) return std_logic_vecter is

   variable BINARY : std_logic_vector(CIN'range);
   variable GOUT   : std_logic_vector(CIN'range);
   begin

       for I in CIN'range loop
          if(I = CIN'left) then
              BINARY(I) :=   CIN(I);           ② for-loop文でグレイ・コードから
          else                                    バイナリ・コードへ変換
              BINARY(I) := BINARY(I+1) xor CIN(I);
          end if;
       end loop;

       BINARY := BINARY + 1;       ←──── ③ インクリメント

       for I in CIN'range loop
          if(I = CIN'left) then
              GOUT(I) := BINARY(I);            ④ for-loop文でバイナリ・コードから
          else                                    グレイ・コードへ変換
              GOUT(I) := BINARY(I+1) xor BINARY(I);
          end if;
       end loop;
       return GOUT;
   end GRAYINC;
end my_pac;
```

5.6 プロシージャ文

● 入出力パラメータ

　プロシージャ文はファンクション文と異なって返り値がないので，return文がありません．その代わりとしてパラメータ・リストに入出力の設定を行います．

　リスト5.8の①，②では**DIN**，**S**は入力に，**DOUT**は出力に設定されています．このとき，何も指定しないと入力**in**は**constant**として，出力**out**と入出力**inout**は**variable**としてコピーされます．

　プロシージャ文が終了すると，プロシージャ内で代入された出力および入出力が呼び出し側の信号または変数にコピーされます．このとき，入出力のパラメータに何も指定しないと変数**variable**になってしまい，変数にしか値を代入できません．呼び出し側で出力，入出力に信号**signal**が使用されている場合は，②のようにパラメータの前に**signal**と宣言する必要があります．

● バレル・シフタ

　リスト5.8の③では，ファンクション文の例と同じように範囲を表すアトリビュート**DIN'range**を利用して**DIN**の範囲を求め，その範囲だけfor-loop文を実行しています．④の**DIN'left**でいちばん左側の

〈リスト5.7〉ビット長可変のグレイ・コード・カウンタの記述

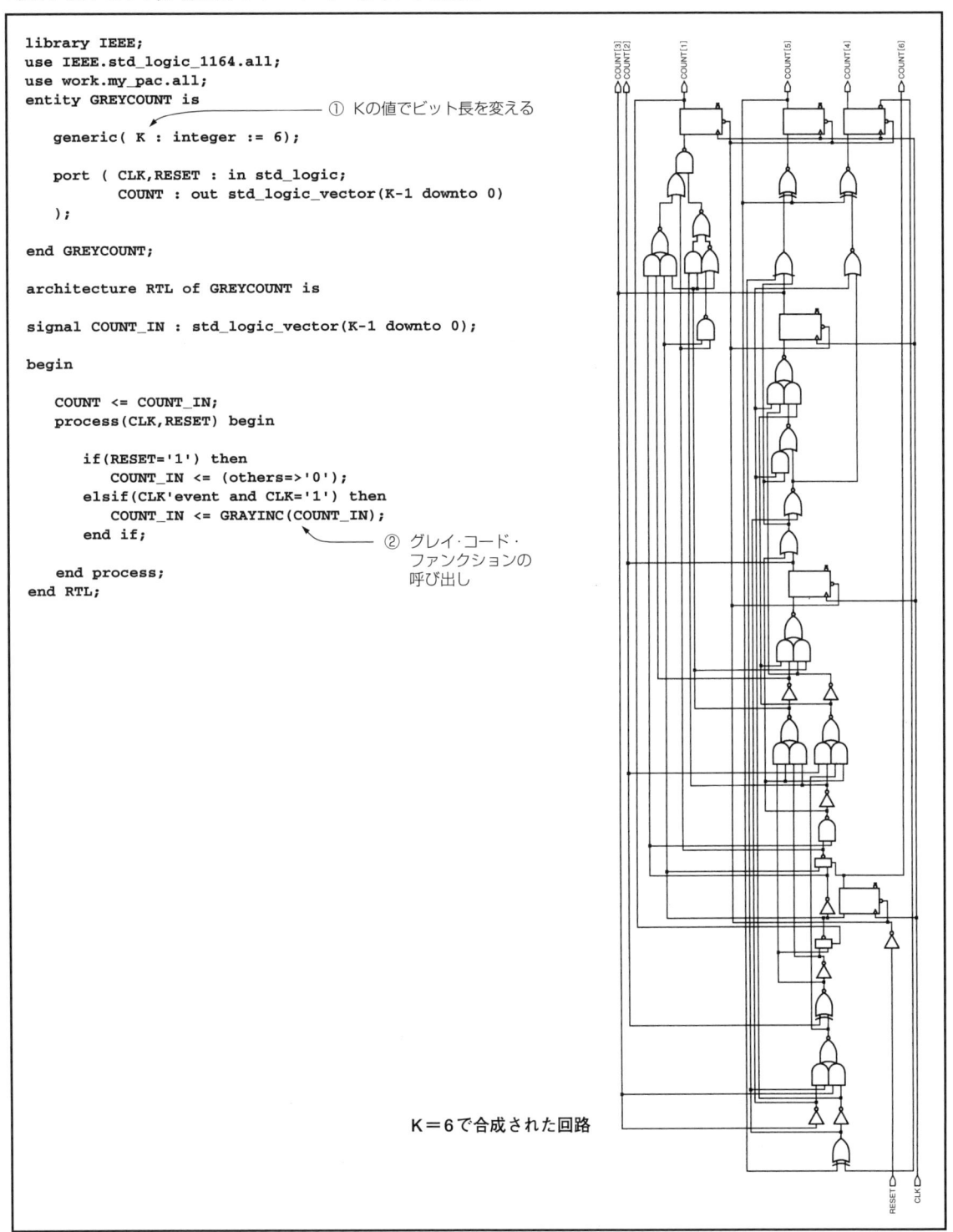

```vhdl
library IEEE;
use IEEE.std_logic_1164.all;
use work.my_pac.all;
entity GREYCOUNT is                    ① Kの値でビット長を変える

    generic( K : integer := 6);

    port ( CLK,RESET : in std_logic;
           COUNT : out std_logic_vector(K-1 downto 0)
         );

end GREYCOUNT;

architecture RTL of GREYCOUNT is

signal COUNT_IN : std_logic_vector(K-1 downto 0);

begin

    COUNT <= COUNT_IN;
    process(CLK,RESET) begin

        if(RESET='1') then
            COUNT_IN <= (others=>'0');
        elsif(CLK'event and CLK='1') then
            COUNT_IN <= GRAYINC(COUNT_IN);
        end if;                      ② グレイ・コード・
                                        ファンクションの
    end process;                        呼び出し
end RTL;
```

K＝6で合成された回路

〈リスト5.8〉バレル・シフタの記述（プロシージャ文の記述例）

```
library IEEE;
use IEEE.std_logic_1164.all;
use IEEE.std_logic_arith.all;
use IEEE.std_logic_unsigned.all;

package CPAC is

    procedure shift  (                          ── ① DIN,Sにinを指定

        DIN,S: in std_logic_vector;
        signal DOUT : out std_logic_vector );
                                    ── ② DOUTは出力outを指定
end CPAC;                              信号宣言を行うと呼び出し側のsignalに代入できる

package body CPAC is

    procedure shift (

        DIN,S: in std_logic_vector;

        signal DOUT: out std_logic_vector ) is


    variable SC : integer;
    begin
        SC := CONV_INTEGER(S);

        for I in DIN'range loop        ── ③ 入力DINの範囲分(7 downto 0)だけfor-loop文を実行

            if(SC+I <= DIN'left) then
                DOUT(SC+1)<= DIN(1);
            else                       ── ④ 入力DINのいちばん左側のビットを指定
                DOUT(SC+I - DIN'left-I) <= DIN(I);
            end if;
        end loop;
    end shift;

end CPAC;
```

〈図5.2〉
ビット・シフトのようす

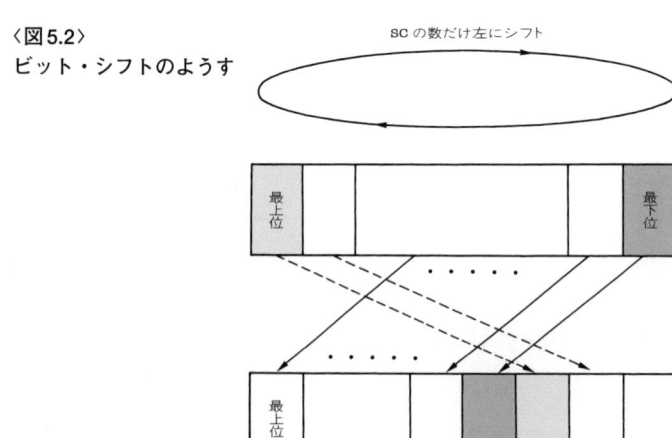

〈リスト5.9〉バレル・シフト付きラッチ（プロシージャ文の記述例）

```
library IEEE;
use IEEE.std_logic_1164.all;
use work.cpac.all;    ◄────────────── ① パッケージ・ファイルcpacの呼び出し

entity BSR is

    port( DIN : in std_logic_vector(7 downto 0);
            S : in std_logic_vector(2 downto 0);
       CLK,ENB : in std_logic;
         DOUT : out std_logic_vector(7 downto 0));
 end BSR;


architecture RTL of BSR is
begin

    process(CLK) begin
        if(CLK'event and CLK='1') then
            if(ENB = '0') then
                DOUT <= DIN;
            else
                shift(DIN,S,DOUT);   ◄────── ② プロシージャ文shiftの呼び出し
            end if;
        end if;
    end process;

end RTL;
```

位置を取り出しています．リスト5.8の②で**DIN**には**7 downto 0**の範囲が入力されているので，**DIN'left**は，7（最上位ビット）になります．

このプロシージャ文は，バレル・シフタと呼ばれているもので，**DIN**の値を**S**の数だけ左にシフトさせます．リスト5.8の④では代入される側のビット位置**SC+I**と最上位（7）を比較して，最上位よりも大きければ0ビット目に戻り，**DIN**の値を引き続き代入していきます（図5.2）．

リスト5.9は，バレル・シフト付きラッチの記述例です．**ENB**が'0'のときはクロック**CLK**の立ち上がりエッジで単純にラッチされるだけですが，**ENB**が'1'になると**DIN**の値を**S**の値だけシフトしてラッチします．

106　第5章　サブプログラム

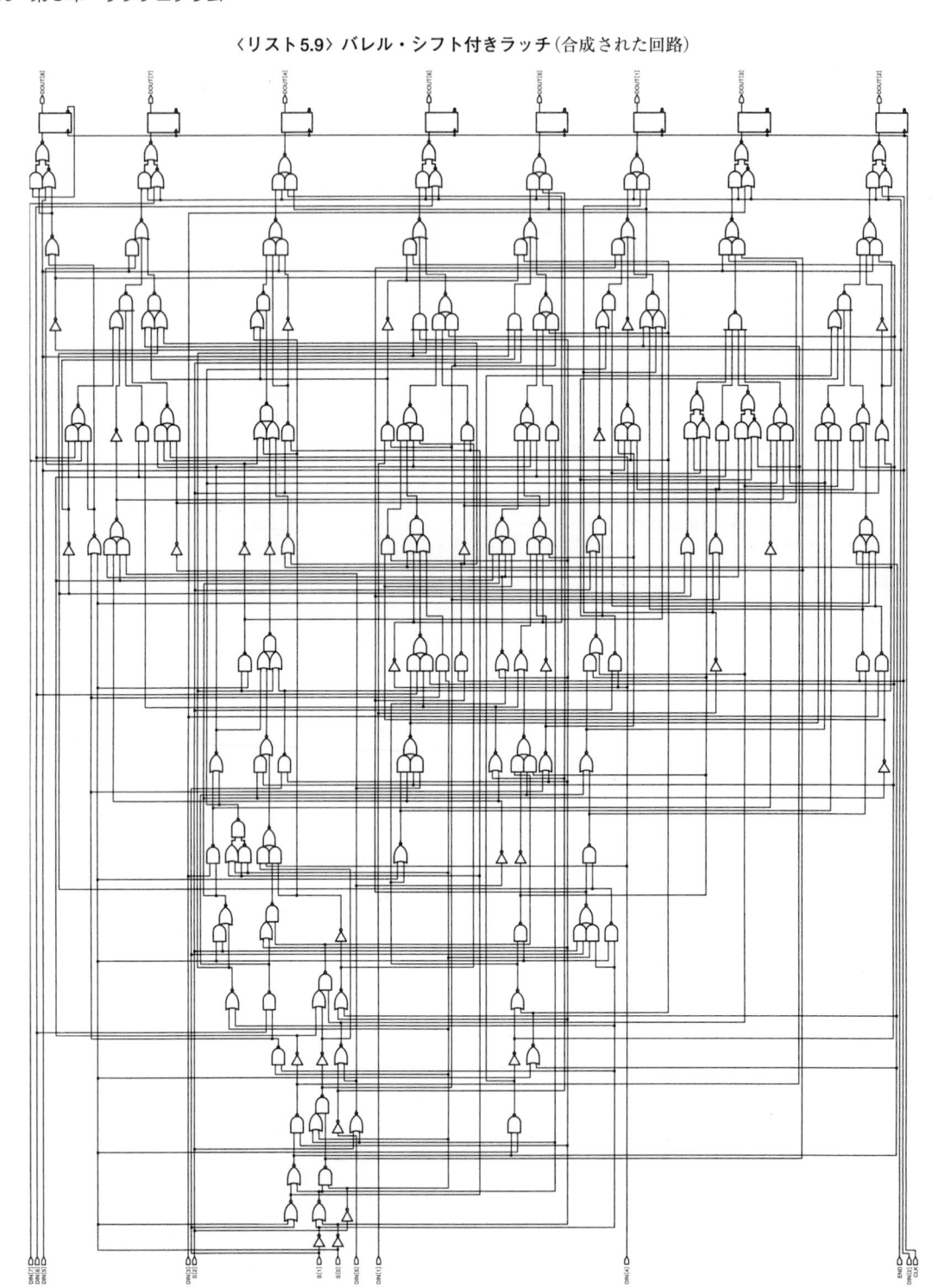

〈リスト5.9〉バレル・シフト付きラッチ（合成された回路）

第6章
VHDLによる回路設計

ここまで，回路設計でよく登場する小さなデバイスを例にとり，VHDLの文法とロジック回路設計への応用を紹介してきました．

本章ではVHDLを使用して回路仕様からロジックを組み立てていく例を紹介していきます．

6.1 FIFOの記述

● 同期式FIFO

FIFO（ファースト・イン・ファースト・アウト）は，バッファに対して書き込まれたデータを，書き込まれた順番に出力するという機能をもった回路です．

この回路はおもに，入力と出力デバイスのスピードが一致しないプリンタやディスクのバッファ，インターフェース部分などに用いられます．

FIFOには非同期式と同期式があります．非同期式は，書き込み信号の立ち上がりエッジで書き込み，読み出し信号が'0'の区間で出力する形式になります．4.7節で紹介したスタティックRAMは非同期式です．これに対して同期式は，クロックの立ち上がりエッジごとに動作します．

図6.1に示すとおり，WRが'0'であればクロックの立ち上がりエッジで入力データを書き込み，RDが'0'であればクロックの立ち上がりエッジでデータを出力します．

ASIC内部でこのFIFOを使用する場合，そのほかの回路が同期式で動作しているため，FIFOも同期式を用いることが多くなっています．ここでは同期式でFIFOを組み立ててみます．

● 回路構成

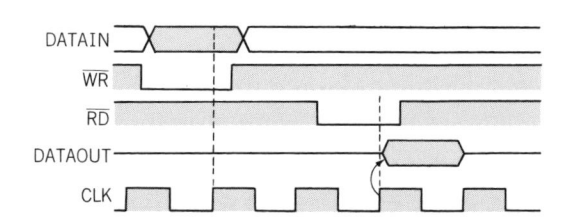

図6.2に同期式FIFOの入出力を示します．入力データ DATAIN と出力データ DATAOUT は，このモデル

〈図6.1〉
同期式FIFOの動作

〈図6.2〉
同期式FIFOの入出力

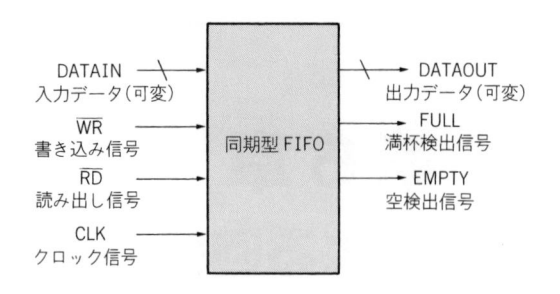

〈図6.3〉
同期式FIFOのブロック図

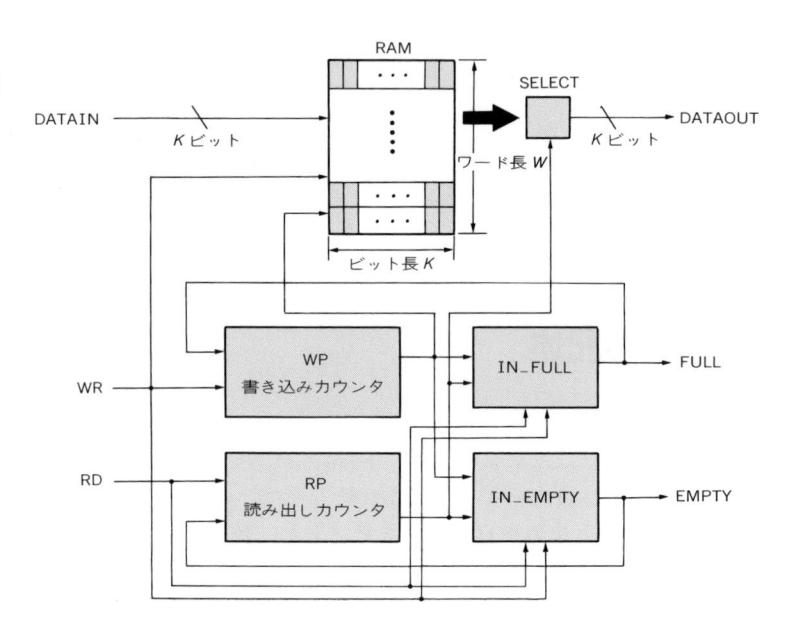

の再利用を考え，パラメータ**K**による可変長にします．

　入力信号にはこのほかに，書き込み信号**WR**，読み出し信号**RD**，システム・クロック**CLK**，それに内部カウンタを初期リセットさせるための**RESET**があります．

　出力信号には**FULL**と**EMPTY**の二つを考えます．**FULL**は，FIFOの内部レジスタが満杯のときに，書き込み側のシステムにこれ以上書き込めないことを知らせる信号，**EMPTY**は読み出す側のシステムに内部レジスタが空で読み出すデータがないことを知らせる信号です．

　回路構成は，図6.3のように**RAM**，**WP**，**RP**，**IN_FULL**，**IN_EMPTY**，**SELECT**の六つのブロックに分かれます．**RAM**は入力データを蓄えるRAMで，ビット長（格納するデータのビット幅）は**K**，ワード長（FIFOバッファの深さ）は**W**という変数で定義して可変長にします．**WP**は書き込み用カウンタ（ポインタ）で，入力データは**RAM**の**WP**ポインタが示すアドレスに書き込まれます．**WP**はアドレス0から順番にカウント・アップしていき，**RAM**のワード長になると0に戻ります．

　RPは読み出しカウンタで，**RD**のポインタが示す**RAM**のアドレスからデータを読み出します．**RP**も**WP**と同じように，アドレス0から順番にカウント・アップしていきます．

　IN_FULLと**IN_EMPTY**は，単にFIFOの満杯状態や空状態を外部に出力するだけではなく，**WP**/**RP**レジスタを制御します．もし満杯の状態であればそれ以上データを書き込めないので，**WP**カウンタの動作

〈図6.4〉RP信号とWP信号の関係

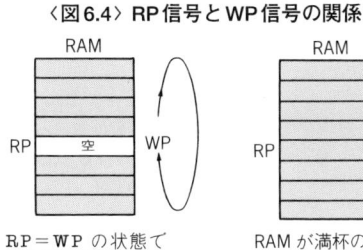

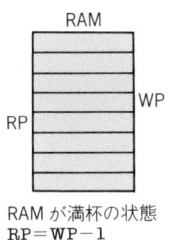

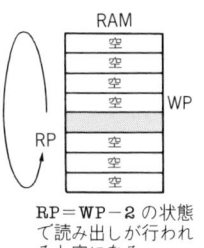

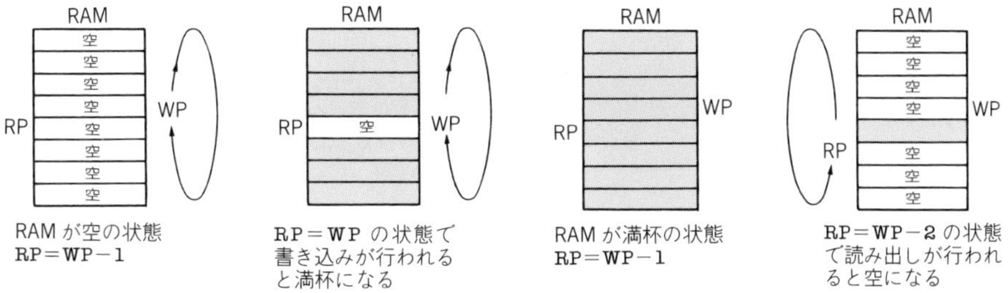

RAMが空の状態	RP=WPの状態で	RAMが満杯の状態	RP=WP-2の状態
RP=WP-1	書き込みが行われる	RP=WP-1	で読み出しが行われ
	と満杯になる		ると空になる

も止める必要があります．また，空の状態でも同じように**RP**カウンタを止める必要があります．

RAMが空状態のとき，**WP**レジスタと**RP**レジスタの関係は，図6.4のように，

　　RP=WP-1

になります．この状態から書き込みを続けると**WP**レジスタはカウント・アップされ，

　　RP=WP

の状態で書き込みが行われて満杯になり，**WP**は元のアドレスに戻ります．

読み出しを行う場合は**RP**レジスタがカウント・アップされ，即座に値を出力しています．満杯の状態で読み出しを行うと**RP**はカウント・アップされ，**WP**アドレスの値を出力します．その後，読み出しを続けると，

　　RP=WP-2

の状態になります．最後に，この状態からRP=WP-1のアドレスのデータを読み出して，再び空になります．

● **VHDLによるモデル化**

リスト**6.1**がFIFOの記述です．

①はジェネリック文で，ここではビット長のパラメータ**K**，ワード長のパラメータ**W**を上位階層から渡すことにします．②の**:=**では初期値を定義しています．上位階層からジェネリック文で初期値が渡されない場合には，この値が使用されます．

FIFOバッファに渡されたデータは，RAMデータとして管理します．③では，**std_logic_vector**を要素とする配列型データ・タイプ**RAM_DATA**を定義しています．

データ・タイプ**std_logic_vector**は，それ自体がすでに配列なので，ここでは配列を二重に定義していることになります．すなわち，ビット長Kの**std_logic_vector**を要素とするワード長Wのレジスタを定義していることになります．RAMはここで定義したデータ・タイプ**RAMDATA**によって宣言されています．

図6.3の六つのブロックのうち，**SELECT**を除く五つのブロックをプロセス文で表現することにします．**SELECT**はレジスタではなく単なるセレクタなので，**RAM**配列から，

〈リスト6.1〉FIFOの記述

```vhdl
library IEEE;
use IEEE.std_logic_1164.all;

entity FIFO is
    generic( W : integer := 6;          ← ① ジェネリック文，ポート文の前に記述
             K : integer := 4 );         ← ② 初期値の代入

    port(
        CLK, RESET, WR, RD : in  std_logic;
        DATAIN             : in  std_logic_vector(K-1 downto 0);
        DATAOUT            : out std_logic_vector(K-1 downto 0);
        FULL, EMPTY        : out std_logic);

end FIFO;

architecture BEHAVIOR of FIFO is

type RAM_DATA is array (0 to W - 1) of std_logic_vector(K-1 downto 0);
signal RAM            : RAM_DATA;                    ← ③ 配列の2重定義

signal WP,RP          : Integer range 0 to W - 1;
                                                      ← ④ WP, RPをintegerで宣言
signal IN_FULL,IN_EMPTY : std_logic;

begin

    FULL <= IN_FULL ;
    EMPTY <= IN_EMPTY ;
    DATAOUT <= RAM(RP) ;   ← ⑤ SELECTブロックの記述

    process(CLK) begin
        if(CLK'event and CLK = '1' ) then
            if(WR = '0' and IN_FULL = '0') then       ⑥ RAMへのデータの書き込みの記述
                RAM(WP) <= DATAIN;
            end if;
        end if;
    end process;

    process(CLK,RESET) begin
        if(RESET = '1')then
            WP      <= 0;
        elsif(CLK'event and CLK = '1' ) then
            if(WR='0' and IN_FULL = '0') then
                if(WP = W - 1) then
                    WP <= 0;                           ⑦ WP（書き込みアドレス・カウンタ）の記述
                else
                    WP <= WP + 1;
                end if;
            end if;
        end if;
    end process;
```

```
DATAOUT <= RAM (RP)
```

と値を取り出す処理を，リスト6.1の⑤のように同時処理文一行で記述します．

　④では，**WP**，**RP**が**integer**によって宣言されています．**WP**と**RP**は⑤と⑥で配列**RAM**のビット位置の指定に使用されています．**std_logic_vector**で宣言されていると，直接このビット位置の指定に使用

```vhdl
    process(CLK,RESET) begin
        if(RESET = '1') then
            RP       <= W - 1;
        elsif(CLK'event and CLK = '1' ) then
            if(RD='0' and IN_EMPTY='0') then
                if(RP = W - 1) then
                    RP <= 0;
                else
                    RP <= RP + 1;
                end if;
            end if;
        end if;
    end process;
```
⑧ RP（読み出しアドレス・カウンタ）の記述

```vhdl
    process(CLK,RESET) begin
        if(RESET = '1') then
            IN_EMPTY <= '1';
        elsif(CLK'event and CLK='1') then
            if((RP = WP-2 or (RP=W-1 and WP=1) or(RP=W-2 and WP=0))
                 and RD='0' and WR='1') then
                IN_EMPTY <= '1';
            elsif(IN_EMPTY='1' and WR='0') then
                IN_EMPTY <= '0';
            end if;
        end if;
    end process;
```
⑨ EMPTYフラグ検出用の記述

```vhdl
    process(CLK,RESET) begin
        if(RESET = '1') then
            IN_FULL <= '0';
        elsif(CLK'event and CLK='1') then
            if(RP = WP and WR='0'and RD='1') then
                IN_FULL <= '1';
            elsif(IN_FULL = '1' and RD = '0' )then
                IN_FULL <= '0'
            end if;
        end if;
    end process;
end BEHAVIOR;
```
⑩ FULLフラグ検出用の記述

することができないため，データ・タイプ変換が必要となります．そのため，**integer**でカウンタを作成しています．

　WPカウンタは⑦の部分に記述されています．**WP**は，書き込み信号**WR**が入力され，かつ満杯の状態でなければカウント・アップします．そしてWP＝W－1のとき，すなわちカウンタの値がRAMの上限値になったとき，0に戻ります．

　RPカウンタは⑧に記述されています．**RP**は，読み出し信号**RD**が入力され，かつ空の状態でなければカウント・アップします．

　RESET信号は，単にシミュレーションのための初期リセットというわけではなく，重要な意味を持ちます．前述のようにFIFOでは，**WP**レジスタと**RP**レジスタのカウント値は，空の状態でRP＝ WP－1の関係を持たなければなりません．この関係を**RESET**信号で設定するわけです．⑦で，まず**WP**レジスタを0にセットします．続いて⑧で**RP**レジスタを0よりも一つ前の値，つまりW－1の値にセットします．

　⑩はFULLフラグの検出です．**IN_FULL**は前述の機能を記述しています．RP＝WPで書き込みが行わ

112　第6章　VHDLによる回路設計

〈リスト6.1〉FIFOの記述（合成された回路）

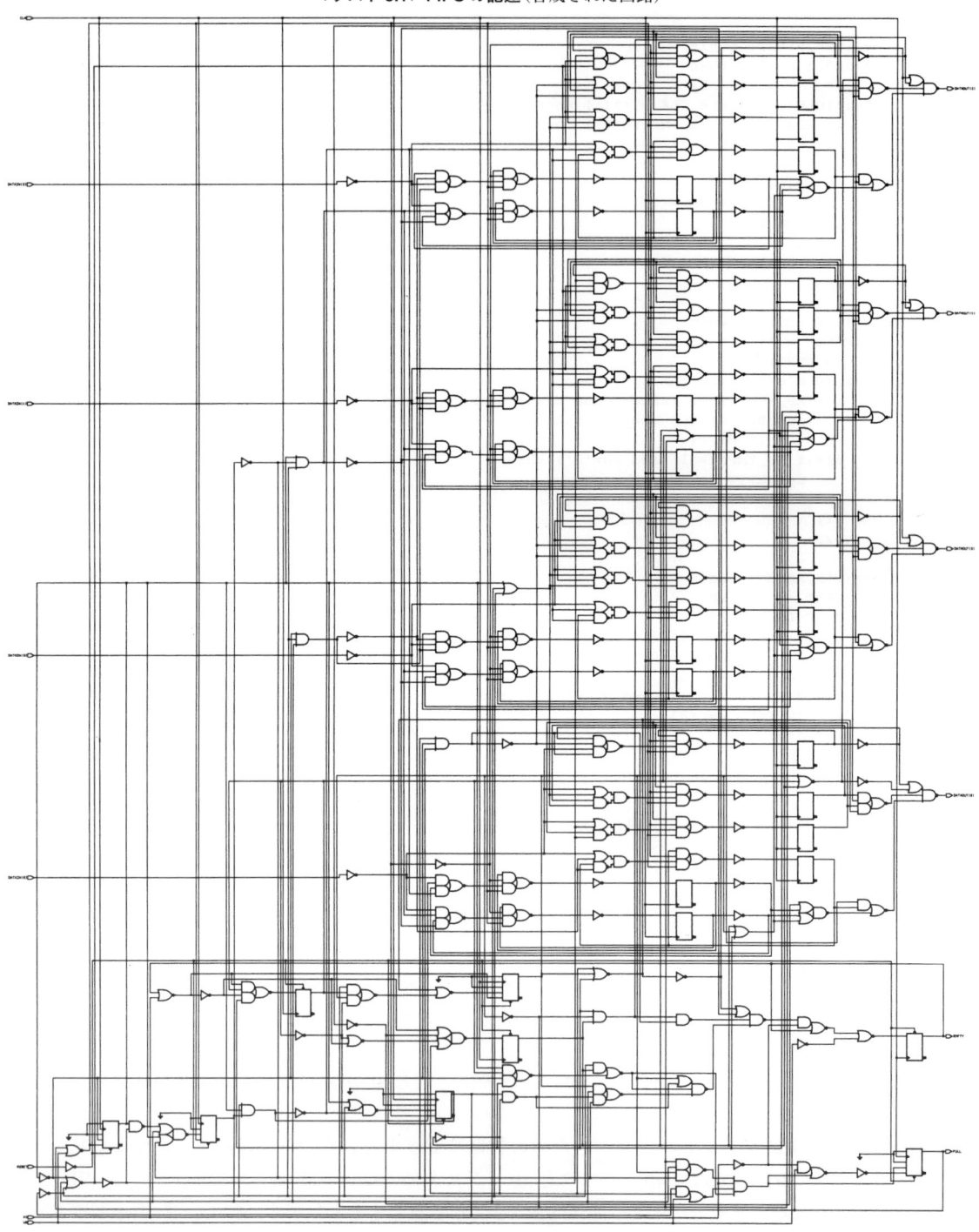

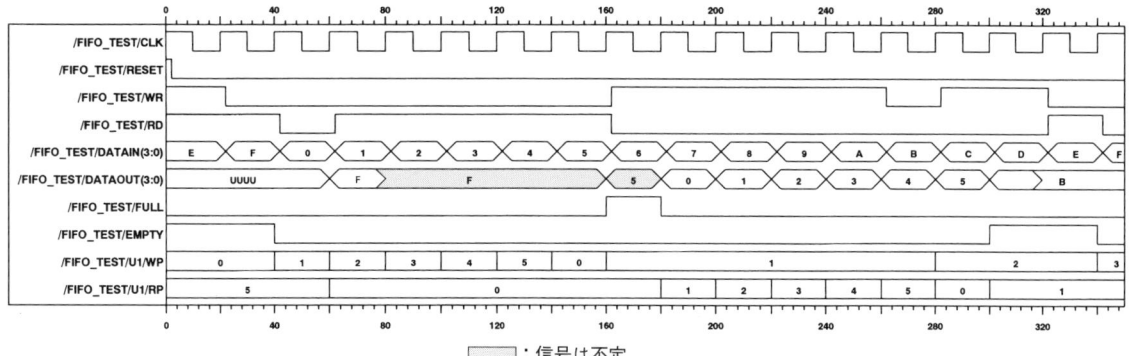

〈図6.5〉RTL記述のシミュレーション波形

□：信号は不定
- 読み出したデータはクロック1周期分のみが有効で，その後は不定
- FULLが出されている間は，データは不定．図中の5という数字には意味はない

れると満杯の状態になり，この状態で読み出しが行われると解消します．

⑨はEMPTYフラグの検出になります．**IN_EMPTY**は，RP=WP－2の状態で読み出しが行われると空の状態になり，データの書き込みが行われると解消します．

ただし，カウント値0をはさむ場合，RP=WP－2の状態をうまく表現できません．このため⑨では，WP=1，WP=0のときに対応する記述を追加しています．

図6.5はK=4，W=6のときのシミュレーション波形です．書き込みを続けるとFULL状態になり，そこから読み出しを続けると空状態になります．内部カウンタの値が停止しているのがわかると思います．

ただし，この記述では既存のRAM（ゲートアレイ，スタンダード・セルに組み込まれているもの，あるいは外付けのRAM）を使用せず，フリップフロップを使用しているので，これで大規模なFIFOを作成することは現実的ではありません．

6.2 ステート・マシン

● 状態遷移図

その出力が現在の入力だけでは決まらず，過去の出力と入力の状態と順序によって決まる回路のことをステート・マシンと呼びます．したがって，広い意味では1個のフリップフロップでもステート・マシンと呼ぶことができます．もちろん，カウンタはりっぱなステート・マシンです．しかし，一般的にはカウンタなどは順序回路と呼ばれており，ステート・マシンとはあまり呼ばれていません．

普通，ステート・マシンと言うと順序回路をコントロールする複雑な回路を指します．ステート・マシンを考える場合，状態遷移図あるいは状態遷移表を用います．ロジック回路設計者がこの状態遷移図や状態遷移表を考えて，そこから回路を生成する作業をステート・マシン設計と呼びます．

図6.6は単純な8進同期カウンタの状態遷移図です．状態遷移図は，このように各状態を示す丸があり，次にどの状態に進むかを矢印によって表します．

単純な同期式カウンタでは，"1"の状態の次は"2"，"2"の次は"3"と状態が単純に進んでいくだけなので，矢印は一つしかありません．状態遷移図では，入力の条件によってこの矢印が二つ，三つと増

〈図6.6〉8進カウンタの状態遷移図

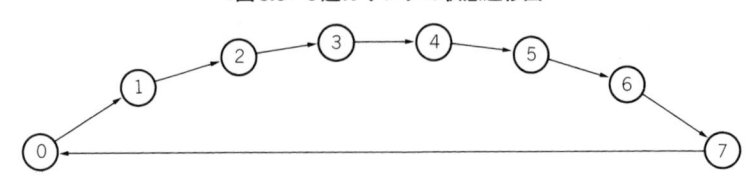

〈図6.7〉8進アップ/ダウン・カウンタの状態遷移図

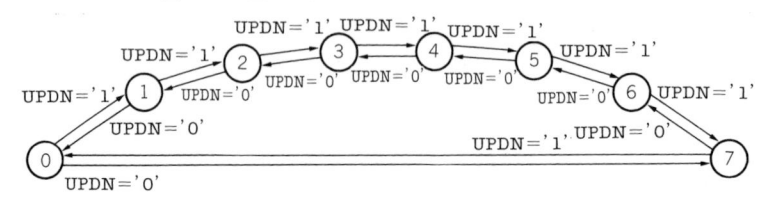

えていきます．

では，次にアップ/ダウン・カウンタを考えてみます．アップ/ダウン・カウンタの**UPDN**信号が1のときにカウント・アップし，0のときにカウント・ダウンするとします．このときの状態遷移図を**図6.7**に示します．

右に進む矢印の上には**UPDN='1'**と書かれ，左に進む矢印には**UPDN='0'**と書かれています．この条件を満たす場合に状態が矢印の方向に移動するという意味です．

もちろん，状態遷移図を書いてカウンタを設計する人はいません．VHDLによる設計ではカウンタは単純に記述できます．

● ミーリ型ステート・マシン

では，もう少し複雑なステート・マシンを考えてみます．第4章で紹介した**リスト4.8**のALUで乗算を行う場合，8ビットであれば加算とシフトを8回繰り返して演算することにします．また，16ビットの加算のときは，加算を2回繰り返すことにします．

この状態遷移図を**図6.8**に示します．状態INITは初期状態で，命令コードを受け付ける状態にあります．もし，入力が乗算MUL，16ビット加算DAD以外の場合には，演算が1クロックですんでしまうので，状態はINITから移動しません．乗算MULが入力された場合はADCに移動し，加算を1回実行した後，右シフト演算SRFに移動します．

この動作を8ビット分繰り返してCOUNT=7の状態になったとき，INIT状態に戻ります．16ビット加算の場合には加算を2回実行します．DADが入力されると，MULのときと同じくADCに移り，今度はすぐにINITに戻ります．各状態の出力信号にはINST_OUTとDONEがあります．INST_OUTはALUに渡す命令で，DONEは入力された命令が終了したら1を返す信号です．これらの出力は，その状態の入力信号によって決定されます．したがって，入力条件と同じように矢印の場所に記述されています．

このような形式のステート・マシンをミーリ型と呼びます．**表6.1**は，このステート・マシンを表にしたもので，状態遷移表と呼ばれています．ステート・マシンからロジック回路を作成する場合は，一度この状態遷移表を作成してから行います．

リスト6.2はパッケージ文の記述です．このステート・マシンを作成するために必要なデータ・タイプ

6.2 ステート・マシン

〈図6.8〉ALU（ミーリ型ステート・マシン）の状態遷移図

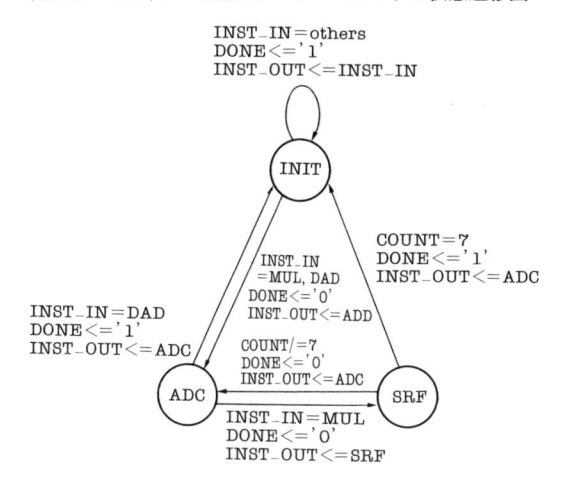

〈表6.1〉ALU（ミーリ型ステート・マシン）の状態遷移表

現状態	入力 (INST_IN)	次状態	出力	
			DONE	INST_OUT
INIT	MUL, DAD	ADC	0	ADD
	others	INIT	1	INST_IN
ADC	MUL	SRF	0	SRF
	DAD	INIT	1	ADC
SRF	COUNT/=7	ADC	0	ADC
	COUNT=7	INIT	1	ADC

〈リスト6.2〉ALU（ミーリ型ステート・マシン）のパッケージ記述

```
library IEEE;
use IEEE.std_logic_1164.all;

package UPAC is

    constant K : integer := 8;                    ── MUL, DADの2状態を追加
    type INSTRUCTION is (MUL,DAD,ADD,SUB,ADC,INC,SRF,SLF);
    subtype  CPU_BUS is std_logic_vector( K-1 downto 0);

end UPAC;
```

INSTRUCTION，バス**K**が宣言されています．このパッケージはリスト4.7のALUの記述に**MUL**と**DAD**の二つの命令を加えたものです．

リスト6.3に，このステート・マシンのVHDL記述を示します．①では，このステート・マシンに存在する三つの要素をデータ・タイプ**STATE**として定義しています．②では，データ・タイプが**STATE**の**NEXT_STATE**を**CURRENT_STATE**に単純に代入しています．そして③でこの**NEXT_STATE**の値を作り出しています．

なぜ，このように二つのプロセス文を用いてステート・マシンを表現しているのかというと，**NEXT_STATE**を作り出しているプロセス文が，同時に出力信号**INST_OUT**，**DONE**も作り出しているからです．もし，フリップフロップを生成させるプロセス文の中に出力信号を記述してしまうと，この信号もラッチされてしまうため，実行が1クロック遅くなってしまいます．

ステート・マシンの状態は，case文を使用して記述します．そして，それぞれの状態について，入力信号の条件によって次状態と出力を記述してあります．

ALUの演算をコントロールするステート・マシンはこんなに簡単なものではなく，もっと複雑になりますが，ここでは動作を説明するために単純化していると考えてください．複雑なステート・マシンで

〈リスト6.3〉ALU（ミーリ型ステート・マシン）の記述

```
library IEEE;
use IEEE.std_logic_1164.all;
use WORK.UPAC.all;
entity MULSTATE is
   port ( CLK,RESET : in std_logic;
          INST_IN : in  INSTRUCTION;
          INST_OUT: out INSTRUCTION;
          DONE : out std_logic);
end MULSTATE;

architecture MEALY of MULSTATE is

type STATE is ( INIT , ADC , SRF );            ←──────── ① ステート・マシンのデータ・タイプの宣言
signal CURRENT_STATE,NEXT_STATE : STATE;
signal COUNT : integer range 0 to K-1;
begin

  process(CLK,RESET) begin
     if(RESET='1')then
        CURRENT_STATE <= INIT;                          ② フリップフロップ生成の記述
     elsif(CLK'event and CLK='1') then                     NEXT_STATEをCURRENT_STATEに代入
        CURRENT_STATE <= NEXT_STATE;
     end if;
  end process;

  process(CURRENT_STATE,INST_IN,COUNT) begin
     case CURRENT_STATE is
       when INIT => if(INST_IN=MUL or INST_IN=DAD )then
                       DONE <= '0'; INST_OUT <= ADD;
                       NEXT_STATE <= ADC;
                    else
                       DONE <='1' ; INST_OUT <= INST_IN;
                       NEXT_STATE <= INIT;
                    end if;
       when ADC  => if(INST_IN = MUL) then
                       DONE <= '0'; INST_OUT <= SRF;
                       NEXT_STATE <= SRF;                  ③ NEXT_STATE，INST_OUT出力，
                    else                                      DONE出力の記述
                       DONE <= '1'; INST_OUT <= ADC;         （組み合わせロジックを生成）
                       NEXT_STATE <= INIT;
                    end if;
       when SRF  => if(COUNT = 7) then
                       DONE <= '1'; INST_OUT <= ADC;
                       NEXT_STATE <= INIT;
                     else
                       DONE <= '0'; INST_OUT <= ADC ;
                       NEXT_STATE <= ADC;
                     end if;
     end case;
  end process;

    process(CLK) begin
        if(CLK'event and CLK='1') then
            if(CURRENT_STATE=INIT) then
                COUNT <= 0;                             ④ MUL演算用カウンタの記述
            elsif(CURRENT_STATE=ADC) then
                COUNT <= COUNT + 1;
            end if;
        end if;
    end process;
end MEALY;
```

● ムーア型ステート・マシン

ミーリ型ステート・マシンでは，一つの状態に対して，入力信号の条件によって出力信号をいくつでも記述できます．それに対してムーア型ステート・マシンは，一つの状態に対して一つの出力しか持ちません．**図6.9**および**表6.2**は，**図6.8**のミーリ型ステート・マシンをムーア型ステート・マシンに書き直したものです．ここでは話を簡単にするため，乗算MULと16ビット演算DADのみを考えます．

ムーア型の状態遷移図では，出力をその状態の中に記述します．ミーリ型ではMULが入力されたときもDADが入力されたときも同じ状態ADCに進みました．しかしムーア型では，次の状態のDONE出力とINST_OUT出力の値が異なるため，それぞれ別の状態ADC，DADに進みます．MULの演算も，

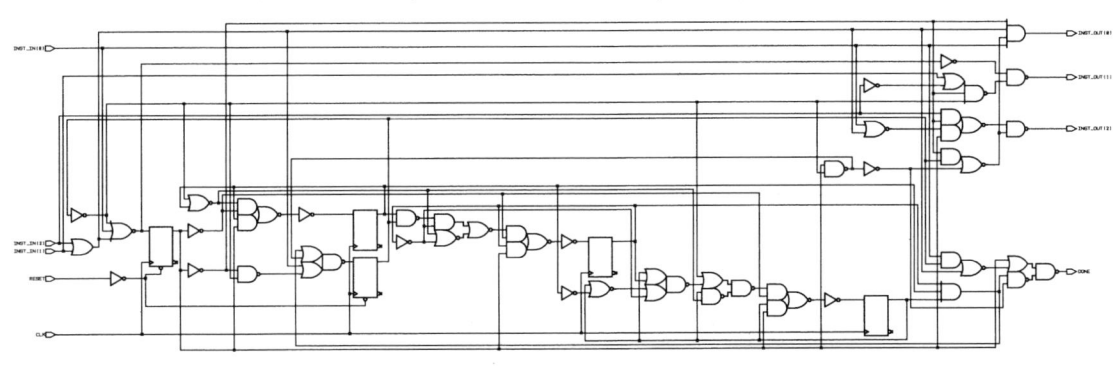

〈リスト6.3〉ALU（ミーリ型ステート・マシン）の記述（合成された回路）

〈図6.9〉ALU（ムーア型ステート・マシン）の状態遷移図

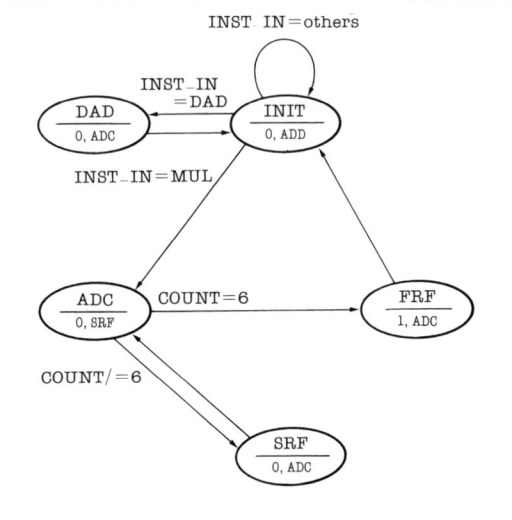

〈表6.2〉ALU（ムーア型ステート・マシン）の状態遷移表

現状態	入力 (INST_IN)	次状態	出力 DONE	INST_OUT
INT	MUL DAD others	ADC DAD INIT	0	ADD
ADC	COUNT/=6 COUNT=6	SRF FRF	0	SRF
DAD		INIT	1	ADC
SRF		ADC	0	ADC
FRF		INIT	1	ADC

COUNT=7のときのSRFにおいてDONEが異なる値を出力するため，別の状態SRF，FRFに進みます．

　このため，ミーリ型では三つだった状態の数が，ムーア型では五つに増えています．このように，同じ機能をステート・マシンで実現する場合，ムーア型はミーリ型にくらべて状態の数が増えてしまいます．入力信号の状態を直接出力に結び付けられないため，クロック・サイクルが余分にかかってしまうこともあります．

　しかし，逆にムーア型のステート・マシンには入力信号の影響を後段に伝えないという利点もあります．

　ミーリ型では，図6.10のシミュレーション波形の①のように，入力信号**INST_IN**が**INST_OUT**出力に反映されるまでの時間，別の命令を出力することになってしまいます．このように別の命令を出力してしまうと，後段の回路に悪い影響を与えます．

　しかし，ムーア型では図6.11のように別の命令を出力してしまうようなことはありません．また，ムーア型のステート・マシンはミーリ型にくらべて一つの状態の条件式が少なくなります．そのため，一般に回路自体の動作速度は速くなります．

　このような特徴を総合すると，ミーリ型は自由度が高いステート・マシン，ムーア型は自由度は低いけれども安定性の高いステート・マシンであると言うことができます．

　リスト6.4がムーア型のVHDL記述です．ムーア型のVHDL記述はミーリ型の記述とほとんど変わりません．各状態のif文が少なく，出力信号がif文を使用していない点が異なります．

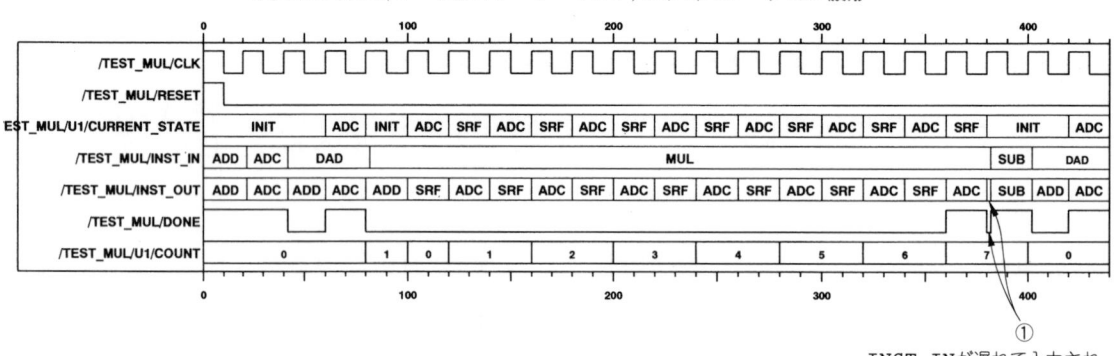

〈図6.10〉ALU（ミーリ型ステート・マシン）のシミュレーション波形

①INST_INが遅れて入力されたことによりハザードが発生

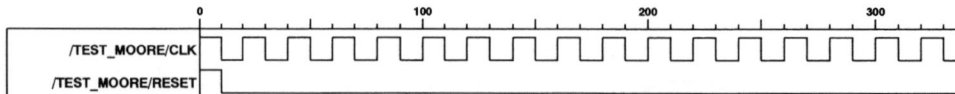

〈図6.11〉ALU（ムーア型ステート・マシン）のシミュレーション波形

〈リスト6.4〉ALU（ムーア型ステート・マシン）の記述

```
library IEEE;
use IEEE.std_logic_1164.all;
use WORK.UPAC.all;
entity MULSTATE is
   port ( CLK,RESET : in std_logic;
          INST_IN : in INSTRUCTION;
          INST_OUT: out INSTRUCTION;
          DONE : out std_logic);
end MULSTATE;
architecture MOORE of MULSTATE is

type STATE is ( INIT , DAD , ADC , SRF , FRF );     ① ムーア型のデータ・タイプ宣言
signal CURRENT_STATE, NEXT_STATE : STATE;              （ミーリ型よりも二つ多い）
signal COUNT : integer range 0 to K-1;
begin

  process(CLK,RESET) begin
     if(RESET='1') then
        CURRENT_STATE <= INIT;                  ② フリップフロップ生成の記述
     elsif(CLK'event and CLK='1')then              ミーリ型とまったく同じ
        CURRENT_STATE <= NEXT_STATE;
     end if;
  end process;

  process(CURRENT_STATE,INST_IN,COUNT) begin
    case CURRENT_STATE is
      when INIT =>INST_OUT <= ADD; DONE <= '0';
                  if(INST_IN=MUL)then
                     NEXT_STATE <= ADC;
                  elsif(INST_IN=DAD )then
                     NEXT_STATE <= DAD;
                  else
                     NEXT_STATE <= INIT;
                  end if;
      when DAD => INST_OUT <= ADC; DONE <= '1';
                  NEXT_STATE <= INIT;                ③ NEXT_STATE, INST_OUT出力,
      when ADC => INST_OUT <= SRF; DONE <= '0';         DONE出力の記述
                  if(COUNT=6) then
                     NEXT_STATE <= FRF;
                  else
                     NEXT_STATE <= SRF;
                  end if;
      when SRF => INST_OUT <= ADC; DONE <= '0';
                  NEXT_STATE <= ADC;
      when FRF => INST_OUT <= ADC; DONE <= '1';
                  NEXT_STATE <= INIT;
    end case;
  end process;

  process(CLK) begin
     if(CLK'event and CLK='1') then
        if(CURRENT_STATE=INIT) then
           COUNT <= 0;
        elsif(CURRENT_STATE=ADC) then
           COUNT <= COUNT + 1;
        end if;
     end if;
  end process;
end MOORE;
```

〈リスト6.4〉ALU（ムーア型ステート・マシン）の記述（合成された回路）

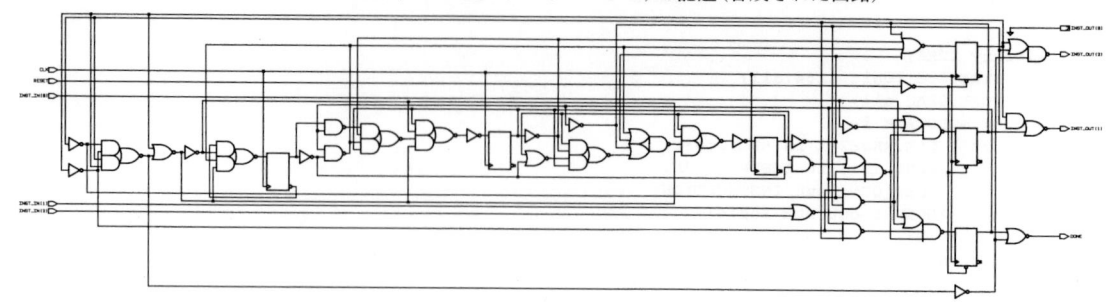

第7章
VHDLによるシミュレーション記述

7.1 クロック・エッジ・ベースの記述

● クロック・イベントを利用した記述

リスト7.1は，リスト3.6を修正したシミュレーション記述です．この記述は，リスト3.6と①の部分が異なります．リスト3.6では，1周期の動作は，`wait for CYCLE;`とクロック周期分の時間を動かしています．これに対して，リスト7.1では`wait until CLK'event and CLK='1'`によってクロックの立ち上がりエッジまで時間を動かしています．

リスト3.6のような時間を動かす記述スタイルでは，シミュレーション記述の途中でクロック周期以外の時間を動かすと，その後の時刻がすべてずれてしまいます．リスト7.1の①のようなクロックの立ち上がりエッジを利用するクロック・エッジ・ベースの記述スタイルでは，すべての周期でクロックの立ち上がりエッジにそろえることができます．このため，もし途中の不正なタイミングで信号が変化したとしても，その後に影響を及ぼすことがありません．

通常，シミュレーション記述では，入力信号をすべて同一のタイミングで変化させます．リスト3.6のような時間を動かすスタイルでは，つねにクロック周期分（`CLK_CYCLE`）だけ動かすはずです．しかし，大規模なシミュレーションではその記述量が膨大数になります．さらにプロシージャを利用していると，シミュレーション記述全体を見渡すことができなくなります．もし，記述のどこかでクロック周期以外の時間を動かしていたとしても，それを発見することは容易ではありません．クロック・エッジ・ベースのシミュレーション記述であれば，もし不正な時間操作があったとしても，それ以後については正常に動作します．

● 信号の観測ポイントと代入ポイント

クロック・エッジ・ベースの記述を利用した場合，②のようにafter文でクロック・エッジからさらに代入をずらしています．これは，3.4節の中の「シミュレーション記述の注意点」のところで解説したレーシングの問題を回避するためです．

テスト信号の入力は，クロックの立ち上がりエッジからずらす必要があります．クロック信号と入力信号が同じ時刻に変化すると，レーシングの問題が発生してしまいます．さらに，同一のクロック系の入力信号であれば，すべて同じタイミングで信号を変化させるようにしてください．信号ごとに異なる地点で変化させてしまうと，記述ミスが発生しやすくなります．リスト7.2では，信号Aに対して，クロ

〈リスト7.1〉クロック・エッジ・ベースのシミュレーション記述

```vhdl
library IEEE;
use IEEE.std_logic_1164.all;
use IEEE.std_logic_unsigned.all;

entity TEST_COUNT4EN is
end TEST_COUNT4EN;

architecture SIM of TEST_COUNT4EN is

component COUNT4EN
            port ( CLK,RESET,EN : in  std_logic;
                   COUNT : out std_logic_vector(3 downto 0)
     );
end component;

constant CYCLE       : Time := 10 ns;
constant HALF_CYCLE  : Time :=  5 ns;
constant STB         : Time :=  1 ns;

signal CLK,INIT_RESET,EN : std_logic;
signal COUNT_OUT : std_logic_vector(3 downto 0);

begin

   U0: COUNT4EN port map ( CLK=>CLK,RESET=>INIT_RESET,
                           EN=>EN, COUNT=>COUNT_OUT);
    process begin
                            CLK <= '1';
       wait for HALF_CYCLE; CLK <= '0';
       wait for HALF_CYCLE;
    end process;

    process begin
                                         INIT_RESET <= '0'; EN <= '1';
       wait for  STB;
                                                    ── ① 次のクロックの立ち上がりまで動作させる

       wait until CLK'event and CLK='1';INIT_RESET <= '1' after STB;
                                                    ② STB(1ns)だけ信号の変化をずらす


       wait until CLK'event and CLK='1';INIT_RESET <= '0' after STB;


       for i in 1 to 3 loop
          wait until CLK'event and CLK='1';
       end loop;
                                         EN <= '0' after STB;
       wait until CLK'event and CLK='1'; EN <= '1' after STB;
       for i in 1 to 20 loop
          wait until CLK'event and CLK='1';
       end loop;
       wait;

    end process;
 end SIM;
```

ックの立ち上がりエッジから1 nsの時刻で値を代入しています．信号Bは，信号Aが変化したことを受けて，それから3 ns後に変化させています．この記述だとレーシングの問題が発生します．同じ時刻における代入と値を観測しているので，シミュレーションを実行するたびに結果が変わってしまいます．このように同一周期内で値を代入する位置や観測する位置が統一されないと，たいへん危険です．この記述の場合，**wait for**と**after**の二つのタイプの遅延によってレーシングが発生しています．どちらかの遅延に統一されていれば，レーシングは発生しません．しかし，信号の変化を同じ時刻で行わないような記述では，こうした記述ミスが起こりやすくなります．

　レーシングの問題を回避するためには，回路に入力されるテスト信号の変化時刻（信号に値を代入する時刻）をそろえるだけでなく，信号の値を観測する時刻も一定の位置にそろえる必要があります．信号の観測ポイントの位置が，入力されるテスト信号の変化地点と同じであれば，レーシングの問題が発生してしまいます．シミュレーション記述を行う場合には，このことに十分注意してください．信号の観測ポイントは，クロックの立ち上がりエッジの直前にすることをお勧めします（図7.1）．

　クロックの立ち上がりエッジの直前の値を観測する場合，**wait until CLK'event and CLK='1';**を利用できます．もし，RTL 記述ですべてのフリップフロップの代入に信号代入文が使用されていれば，値の代入は先送りされます．また，シミュレーション記述で信号の代入がクロックの立ち上がりエッジより遅延していれば，**wait until CLK'event and CLK='1';**の時点の信号の値を確認することによって，**CLK**の立ち上がりの直前の値を観測することと同じになります．

● 遅延式の違い

　シミュレーション記述では，遅延式の違いも理解しておく必要があります．図7.2において，(a)は正しい記述ですが，(b)はレーシングの問題を発生する記述になっています．(b)の記述は，**CLK**が立ち上がることによって動作します．次にif文の条件である**IO_mode**の値を観測します．**IO_mode**の値は，

〈リスト7.2〉異なる時刻に入力信号が変化する記述

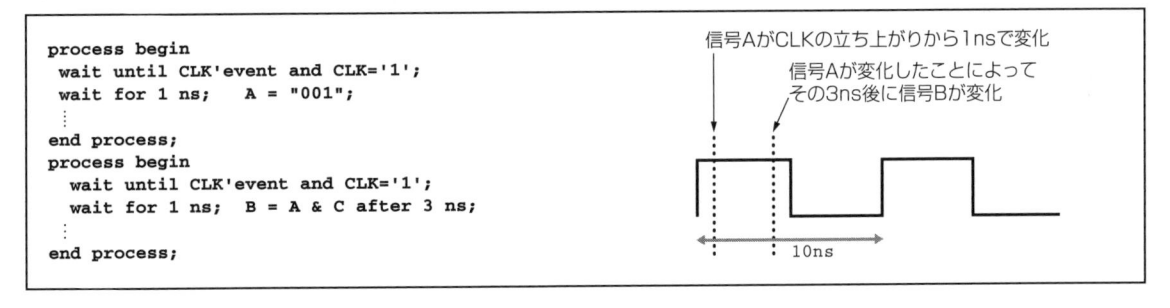

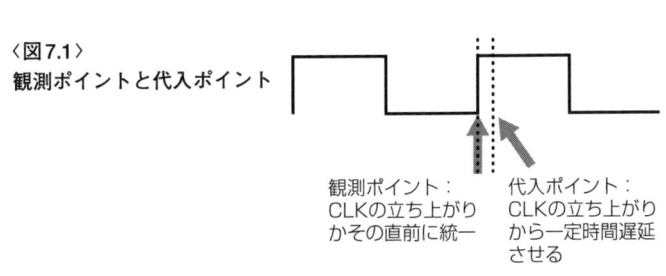

```
process begin
  wait until CLK'event and CLK='1';
  wait for 1 ns;    A = "001";
    :
end process;
process begin
  wait until CLK'event and CLK='1';
  wait for 1 ns;   B = A & C after 3 ns;
    :
end process;
```

信号AがCLKの立ち上がりから1nsで変化
信号Aが変化したことによってその3ns後に信号Bが変化

10ns

〈図7.1〉
観測ポイントと代入ポイント

観測ポイント：
CLKの立ち上がりかその直前に統一

代入ポイント：
CLKの立ち上がりから一定時間遅延させる

CLKが立ち上がった時点で観測されます．次に

  `wait for DLY; FOO <= BAR;`

を実行しています．このとき**wait for**を使用して代入文の前で遅延を与えていると，この代入文はDLYだけ遅延した後，実行されます．したがって，**BAR**の値は**CLK**の立ち上がりエッジからDLYだけ遅延した後に観測(評価)されてしまいます．
 (b)の記述は，(c)のように修正されなければなりません．

  `FOO <= BAR after DLY;`

afterで遅延値を与えれば，この文は遅延なく実行されます．したがって，**BAR**の値を観測するのは，**CLK**の立ち上がりの地点になります．その後，DLYだけ遅延した後，FOOに値が代入されることになります．
 (a)の記述は**wait for DLY**を使用していますが，問題のない記述です．この記述では，FOOに代入している値が固定値です．固定値であれば，値を観測する必要はないので，遅延式の位置は問題にならなくなります．
 リスト3.6のように**wait for**だけを利用したシミュレーション記述は，固定値を信号に代入する場合には適しています．しかし，何かの信号の値を観測し，そのあと演算して新たな信号の値を変化させる場合には適していません．信号の値を受け取り，新たな値を生成する能動的なテストベンチを記述するには，クロック・エッジ・ベースの記述が向いています．クロック・エッジ・ベースの記述では，**wait**

〈図7.2〉遅延式の違い

```
process begin
  wait until CLK'event and CLK='1';
  if(IO_mode='1') then
    wait for DLY; FOO <= '1';
  else
    wait for DLY; FOO <= '0';
  end if;
end process;
```

(a) 正しい記述

```
process begin
  wait until CLK'event and CLK='1';
  if(IO_mode='1') then
    wait for DLY; FOO <= BAR;
  else
    wait for DLY; FOO <= RTQ;
  end if;
end process;
```
✗

(b) レーシングの問題が発生する記述

```
process begin
  wait until CLK'event and CLK='1';
  if(IO_mode='1') then
    FOO <= BAR after DLY;
  else
    FOO <= RTQ after DLY;
  end if;
end process;
```
○

(c) 修正した記述

7.2 プロシージャの利用

● クロック・エッジのプロシージャ

リスト7.1の記述では，**wait until CLK'event and CLK='1';** を何度も利用することになります．ここは記述量を削減し，ソース・コードを読みやすくするために，プロシージャを利用するとよいかもしれません．**リスト7.3**がクロック・エッジのプロシージャ記述です．

サブプログラムの入力信号は，ポート・リストに記述された入力パラメータにコピーされ，**constant** として扱われます．**CLK'event** を利用する場合，イベントという動作を記述するので，**constant** では扱えません．①のようにsignal宣言を行い，入力パラメータのイベントを渡せるようにします．

②では，サブプログラムのオーバロード機能を利用して，クロック数付きのプロシージャも同時に定義しています．③では，このプロシージャを呼び出します．プロシージャには，このような単純な1行の実行文でも記述量を削減し，可読性を向上させるというメリットがあります．

● 構造的なシミュレーション記述

プロシージャを使用すると，構造的なシミュレーション記述を作成できるようになります．プロシージャを用いて基本的な動作手順を記述し，それを呼び出しながらシミュレーションを実行することで，記述量を減少させたり，記述ミスを減らせます．また，可読性やデバッグ効率の高いテストベンチを作

〈リスト7.3〉クロック・エッジのプロシージャ記述

```
procedure posedge( signal CLK : in std_logic ) is
begin                                              ① 'eventを利用するためにはsignal宣言を使う
    wait until CLK'event and CLK = '1';
end posedge;
procedure posedge( num : in integer;signal CLK : in std_logic ) is
begin                                              ② オーバロード機能を利用して，
    for I in 1 to num loop                            クロック数付きの関数も用意
        wait until CLK'event and CLK = '1';
    end loop;
end posedge;
begin
    :
    process begin
                       INIT_RESET <= '0'; EN <= '1';
        wait for  STB;
        posedge(CLK);    INIT_RESET <= '1' after STB;
        posedge(CLK);    INIT_RESET <= '0' after STB;
        posedge(3,CLK);EN <= '0' after STB;
        posedge(CLK);   EN <= '1' after STB;
        posedge(20,CLK);
        wait;                                      ③ クロック・エッジ関数の呼び出し

    end process;
```

〈図7.3〉
構造的なプロシージャ

テストベンチ記述
```
process begin
    ⋮
    応用プロシージャ
    呼び出し
    ⋮
end
```

応用プロシージャ例
基本プロシージャ・コール
● 機能別プログラム
● アルゴリズム
etc

基本プロシージャ例
低レベル処理
● CPUバス命令
  read, writeなど
● ファイル・アクセス
etc

検証対象
● メモリ
● I/O制御ブロック
● DSP

● プロシージャはネスティング(多重の呼び出し)が可能
● テスト入力を機能的に与えるために,「基本プロシージャ」,「応用プロシージャ」などを作成する
● 基本プロシージャ例 … 直接的な低レベル処理
　　　　　　　　　　　　バス命令,ファイル・アクセスなど
● 応用プロシージャ例 … 基本プロシージャを順次呼び出し,回路を機能的にテスト
　　　　　　　　　　　　機能的プログラム,アルゴリズムなど

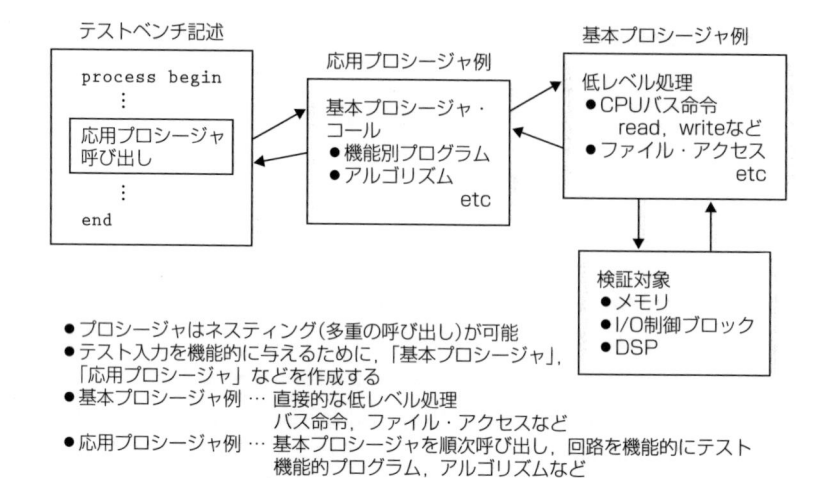

成することができます.

図7.3のように,基本プロシージャでは,バス命令やファイル・アクセスなどの直接的な低レベル処理を定義します.また,応用プロシージャとして,これらの基本プロシージャを手順に従って組み合わせ,一連のアルゴリズムや機能を定義することで,構造的なテストベンチを作成できるようになります.

● バス入出力のプロシージャ記述

検証の対象となる回路が標準バスに接続されていると,バスからのデータの読み出しや,バスへのデータの書き込みの環境を定義する必要があります.波形記述によってバスの動作を一つ一つ書いていくこともできますが,記述量が増えるため,記述ミスが多くなります.また,タイミング記述に誤りがあった場合,回路仕様の問題なのかバス記述の問題なのかを特定することが難しく,デバッグに時間がかかってしまいます.

このような標準的なバス動作については,プロシージャを用いて定義します.波形を一つ一つ記述する必要がなくなり,実行コマンド形式でバス動作を記述できるようになります.その結果,テストベンチ記述を効率的に定義することが可能となり,デバッグの効率が向上します.

まず,データの読み出しや書き込みをプロシージャを用いて記述して,検証対象となる回路の動作を確認します.次に,実際のバスへのデータの読み出しと書き込みを実行するプロシージャ記述を作成します.プロシージャはファンクションとは異なり,タイミングを記述できます.

リスト7.4の**write_reg**プロシージャの入力引き数はアドレス**ADDR**とデータ**DATA**の二つ,出力引き数は,**A**, **DIN**, **WR_X**の三つです.**write_reg**プロシージャが呼び出されてから,リスト7.4の右側の図のようなタイミングで**A**, **DIN**, **WR_X**の信号が出力されています.リスト7.5は,プロシージャによるデータ読み出しの例です.

● プロシージャの入力引き数

リスト7.6に,**write_reg**のプロシージャを利用する例を示します.この記述では,プロシージャに入力する引き数をパラメータで定義しており,プロシージャに直接的な値を定義していません.プロシージャの入力引き数は,プロシージャ宣言の前に宣言されている定数,信号,および共有変数(shared

〈リスト7.4〉プロシージャによるCPUへのデータ書き込み

```
--レジスタへの書き込み
-- (CPUバス・ライト・サイクル)
--使用方法:write_reg(ADDR, DATA, A, DIN, WR_X);
procedure write_reg(
  ADDR      : in std_logic_vector(1 downto 0);
  DATA      : in std_logic_vector(7 downto 0);
  signal A  : out std_logic_vector(1 downto 0);
  signal DIN : out std_logic_vector(7 downto 0);
  signal WR_X : out std_logic ) is
begin
  posedge(CLK); A    <= ADDR after A_DLY;
                DIN  <= DATA after D_DLY;
                WR_X <= '0'  after W_DLY;
  posedge(CLK); WR_X <= '1'  after W_DLY;
  posedge(CLK);
end
```

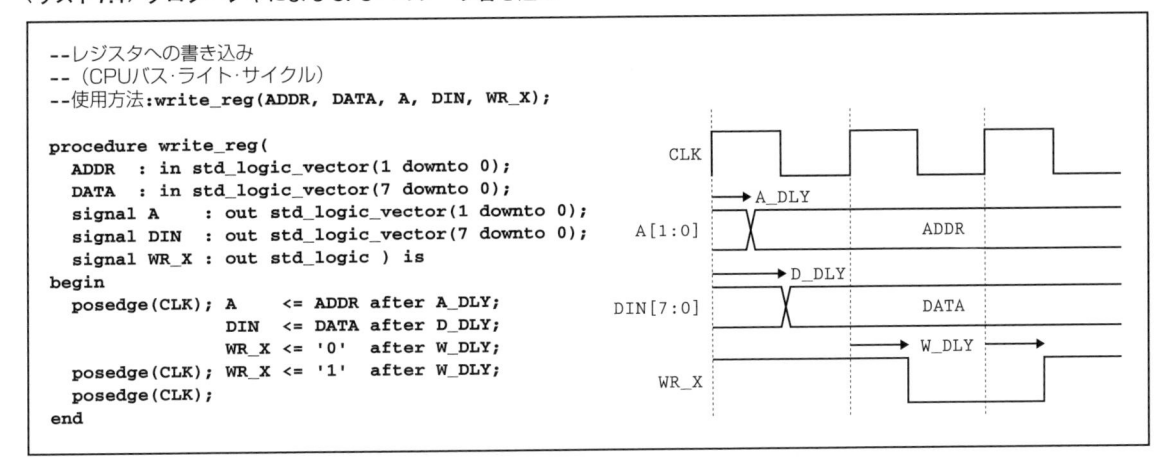

〈リスト7.5〉プロシージャによるCPUからのデータ読み出し

```
--レジスタからの読み出し
-- (CPUバス・リード・サイクル)
--使用方法:read_reg(ADDR, A, RD_X);
procedure read_reg(
  ADDR      : in std_logic_vector(1 downto 0);
  signal A  : out std_logic_vector(1 downto 0);
  signal RD_X : out std_logic ) is
begin
  posedge(CLK); A    <= ADDR after A_DLY;
  posedge(CLK); RD_X <= '0'  after R_DLY;
  posedge(CLK);
  posedge(CLK); RD_X <= '1'  after R_DLY;
end
```

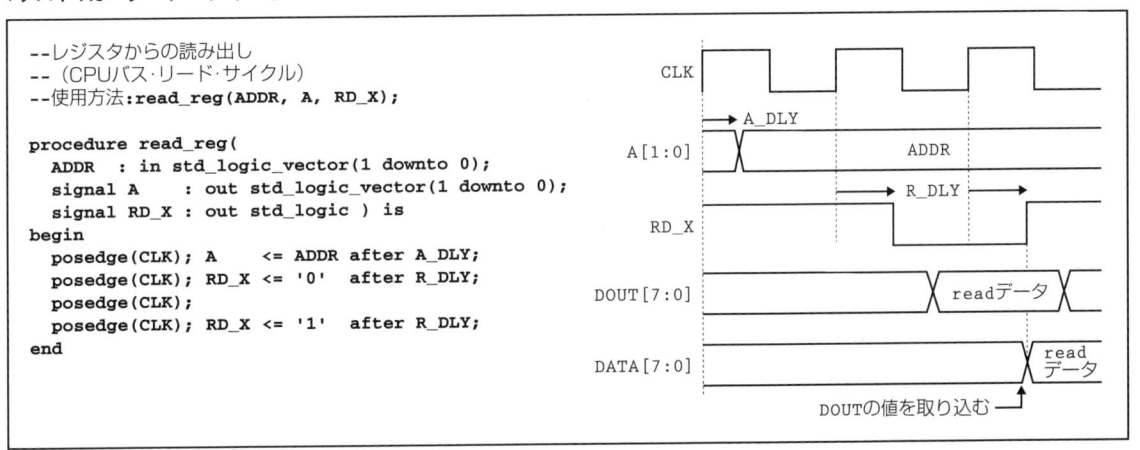

variable)については，プロシージャがパッケージ内で宣言されていなければ，入力の定義なしに内部で直接値を参照することができます．プロシージャの入力引き数の定義は省略することが可能なのです．

　入力の定義が省かれたプロシージャには便利な面もあります．リスト7.6では，①で宣言されたDOUT信号の値をプロシージャ内の②で観測しています．もし，DOUTがプロシージャの入力引き数に定義されていると，プロシージャが終了するまで，DOUTの値は変化しなくなります．入力引き数でなければ，値の変化に対応できる記述になります．

　しかし，プロシージャ内で入力の定義を行わず，直接固有の信号名を使用すると，プロシージャはその信号に対して固有のものとなってしまい，再利用が難しくなります．リスト7.7のように入出力の定義を行っておくと，同じデータ処理を必要とする部分では入出力の引き数を変えるだけで，同じプロシージャを利用できるようになります．DOUT信号のように値の変化に対応するためには，signal宣言を行います．signal宣言を行ったものは，値の変化に対応することができます．

　プロシージャの出力引き数の定義は省略することができません．そのため，リスト7.7のように入出力

リストが多い記述となってしまいます．

しかし，入出力で利用する信号をすべて記述すれば，このプロシージャを外部から切り離すことができます．このような記述は，再利用性が高く，構造的なシミュレーション記述を作成する上では重要なポイントとなります．

〈リスト7.6〉応用的なプロシージャ記述

```
architecture SIM of CPU_IF is

   constant Reg1Addr  : std_logic_vector(1 downto 0)  := "00";
   constant Reg2Addr  : std_logic_vector(1 downto 0)  := "01";
   signal WR_X, RD_X  : std_logic;
   signal A           : std_logic_vector(1 downto 0);
   signal DIN, DOUT   : std_logic_vector(7 downto 0);        ──── ① DOUTの信号宣言

   procedure IoRegVerification(signal A, DIN, WR_X, RD_X : out std_logic) is
   begin
      write_reg( Reg1Addr, "00011011", A, DIN, WR_X);
      write_reg( Reg2Addr, "00101010", A, DIN, WR_X);
      while (DOUT /= "00000000") loop                        ──── ② DOUTの値の変化を観測
         read_reg( A, RD_X );
      end loop;
   end;

begin

   process begin
      IoRegVerification(A, DIN, WR_X, RD_X);
      wait;
   end process;
```

〈リスト7.7〉入力引き数にDOUTを定義したプロシージャ

```
architecture SIM of CPU_IF is

   constant Reg1Addr  : std_logic_vector(1 downto 0)  := "00";
   constant Reg2Addr  : std_logic_vector(1 downto 0)  := "01";
   signal WR_X, RD_X  : std_logic;
   signal A           : std_logic_vector(1 downto 0);
   signal DIN, DOUT   : std_logic_vector(7 downto 0);        ──── ① DOUTの信号宣言

   procedure IoRegVerification(Reg1Addr,Reg2Addr : in std_logic_vector;
                               signal DOUT       : in std_logic_vector;
                               signal A, DIN, WR_X, RD_X : out std_logic) is
   begin
      write_reg( Reg1Addr, "00011011", A, DIN, WR_X);
      write_reg( Reg2Addr, "00101010", A, DIN, WR_X);
      while (DOUT /= "00000000") loop                        ──── ② DOUTの値の変化を観測
         read_reg( A, RD_X );
      end loop;
   end;

begin

   process begin
      IoRegVerification(Reg1Addr,Reg2Addr,DOUT, A, DIN, WR_X, RD_X);
      wait;
   end process;
```

7.3 TEXTIOの利用

VHDLには，テスト・パターンのインターフェースとしてTEXTIOがあります．TEXTIOを使用するためには，まずTEXTIOのパッケージを呼び出す必要があります．

```
library STD;
use STD.TEXTIO.all;
```

標準仕様では，TEXTIOは**bit**と**bit_vector**でしかやり取りができません．**std_logic**や**std_logic_vector**でやり取りするためには，さらに**std_logic_textio**を呼び出す必要があります．

〈図7.4〉外部のファイルからデータを読み出す

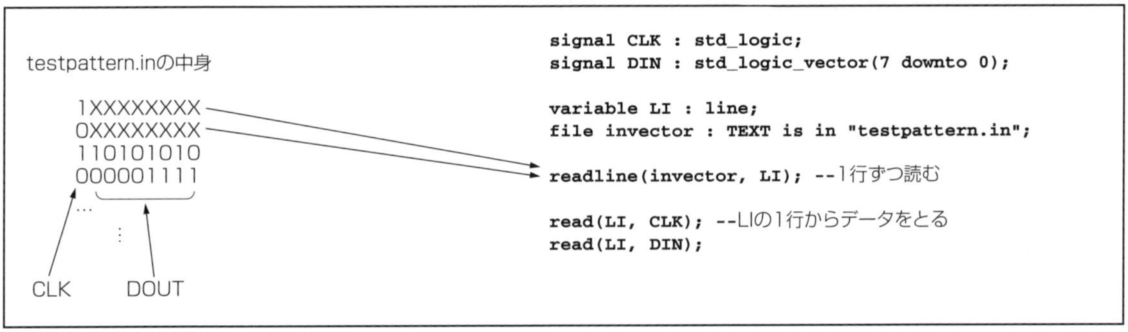
testpattern.inの中身
1XXXXXXXX
0XXXXXXXX
110101010
000001111
…
CLK
DOUT
signal CLK : std_logic;
signal DIN : std_logic_vector(7 downto 0);
variable LI : line;
file invector : TEXT is in "testpattern.in";
readline(invector, LI); --1行ずつ読む
read(LI, CLK); --LIの1行からデータをとる
read(LI, DIN);

〈図7.5〉外部のファイルへデータを書き込む

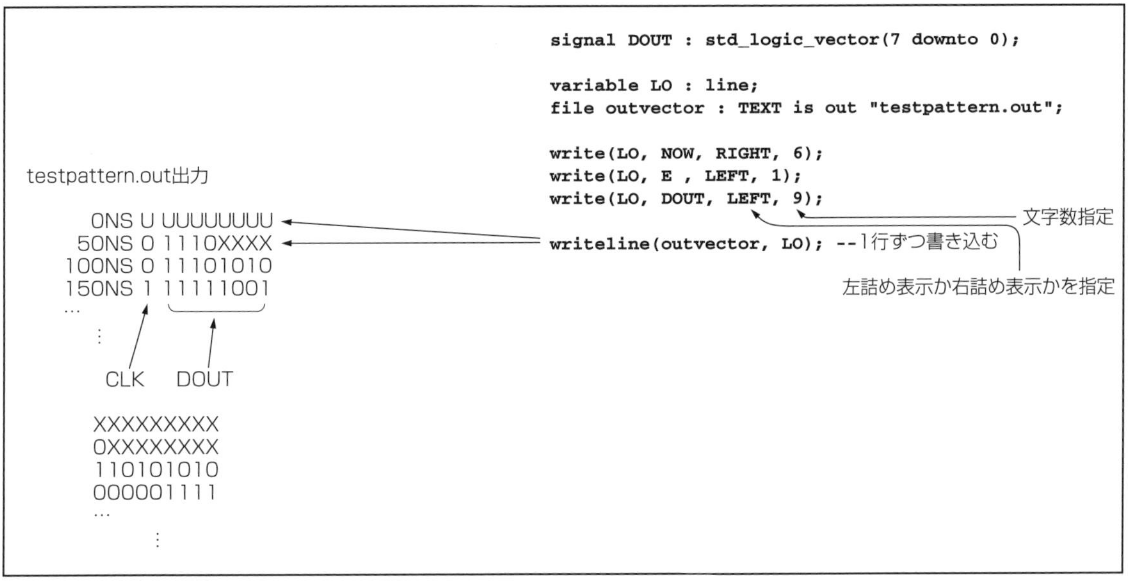
signal DOUT : std_logic_vector(7 downto 0);
variable LO : line;
file outvector : TEXT is out "testpattern.out";
write(LO, NOW, RIGHT, 6);
write(LO, E , LEFT, 1);
write(LO, DOUT, LEFT, 9);
writeline(outvector, LO); --1行ずつ書き込む
文字数指定
左詰め表示か右詰め表示かを指定
testpattern.out出力
0NS U UUUUUUUU
50NS 0 1110XXXX
100NS 0 11101010
150NS 1 11111001
…
CLK
DOUT
XXXXXXXXX
0XXXXXXXX
110101010
000001111
…

〈リスト7.8〉TEXTIOの記述例

```
library IEEE,STD;
use STD.TEXTIO.all;
use IEEE.std_logic_1164.all;
use IEEE.std_logic_textio.all;
entity SIMTOP is
end SIMTOP;
architecture SIM of SIMTOP is
component CN8 port(CLK,RESET : in std_logic; COUNT : out std_logic_vector(7 downto 0));
end component;
file Inv  : TEXT is in "bar.in";
file Outv : TEXT is out "bar.out";
signal CLKIN, RESETIN : std_logic;
signal COUNT : std_logic_vector(7 downto 0);
constant CLK_CYCLE : time := 10 ns;
constant STB : time := 2 ns;
begin
  U1: CN8 port map(CLK=>CLKIN,RESET=>RESETIN,COUNT=>COUNT);
  process
  variable Li,Lo : line;
  variable CLK,RESET : std_logic;
  begin
    readline(INv,Li);
    read(Li,CLK); read(Li,RESET);
    CLKIN <= CLK;
    RESETIN <= RESET;
    wait for CLK_CYCLE - STB;
    write(LO,NOW,LEFT,8);
    hwrite(Lo,COUNT,RIGHT,3);        ←――――― ① hwrite文
    writeline(Outv,Lo);
    wait for STB;
    if(endfile(Inv)) then            ←――――― ② ファイルの末尾検出
      wait;
    end if;
  end process;
end SIM;
```

　　`use IEEE.std_logic_textio.all;`

TEXTIOで読み込むファイルや書き込むファイルは，file宣言で指定します．

　　fileファイル変数 **: TEXT is** 方向 *"ファイル名"* ;
　　方向 **::=in | out**

　ファイルからデータを読み込む場合は，まずreadline関数で指定した1行を読み込み，そこからread関数で各変数に値を割り当てていきます．図7.4に示すようにファイル**testpattern.in**に書かれているテスト・パターンからreadline関数で1行ずつ読み込み，実際の信号**EN**，**RESET**，**DIN**に値を割り当てていきます．この動作をクロック周期ごとに行い，テスト・パターンを発生させます．
　ファイルへの書き込みは，write関数で1行を作成し，writelineで書き込みます．図7.5に示すように現在時間と演算結果を書き込み，**testpattern.out**に出力していきます．
　リスト7.8にTEXTIOの記述例を示します．①のhwriteが16進表示の読み出し/書き込み関数です．このほか，8進の関数oread，owriteがあります．write関数では，左詰めか右詰めかの指定，および最低表

〈リスト7.9〉writeline関数による標準出力

```
process
variable IV,Lo : line;
variable KITAICHI : std_logic_vector(7 downto 0);
variable End_message : string(1 to 21);
variable Sig_name    : string(1 to 7);
begin
   if( KITAICHI /= LCONT) then
      Sig_name := "Expect=";
      write(Lo,Sig_name);
      hwrite(Lo,KITAICHI);
      Sig_name := ",LCONT=";
      write(Lo,Sig_name);
      hwrite(Lo,LCONT);
      Sig_name := "  ,MAG=";
      write(Lo,Sig_name);
      write(Lo,MAG);
      Sig_name := " ,MODE=";
      write(Lo,Sig_name);
      write(Lo,MAG);
      writeline(OUTPUT,Lo);
   end if;
```

示文字数の指定を省略できます．リスト7.8の①は，

```
hwrite(Lo,COUNT);
```

とも記述できます．

　②のendfile関数はファイルの終了検出関数です．読み出しファイルの最終行まで読み出すとTRUEとなり，wait文で無限実行停止にしています．

　write関数では，信号の値だけでなく文字列を表示させることもできます．また，writeline関数を使うと，ファイルだけでなくディスプレイ（標準出力）に出力することも可能です．リスト7.9はwriteline関数による標準出力を行ったものです．シミュレーション実行中に，期待値照合の結果のメッセージや，一連の動作が完了したことを示すメッセージなどを出力させると便利でしょう．

7.4　シリアル・インターフェースのシミュレーション

　シミュレーション記述のまとめとして，シリアル・インターフェース回路の期待値照合の例を紹介します．図7.6がこの例の対象となる回路の仕様です．この回路は，パラレル（8ビット）で入力された信号をRS-232-Cで出力するものです．RS-232-Cの出力信号TXDは，'0'が出力されるとスタート信号となります．続いて，LSBから順に8ビット分のデータの内容を出力しています．パリティが選択されている場合は，続いてパリティ・ビットを出力し，終了すればTXDは'1'になります．実際のRS-232-Cの仕様では，データ・ビット長（7ビットか8ビット），パリティ・ビットの有無，ストップ・ビット（1ビットか2ビット）を選択することができます．また，TXDのほかにもコントロール信号が定義されています．ここではそれらを省略してシンプルな仕様にしています．

　このRS-232-C出力回路には，full出力があります．パラレル入力は2クロックで実行できますが，出

〈図7.6〉パラレル入力，RS-232-C出力の回路仕様

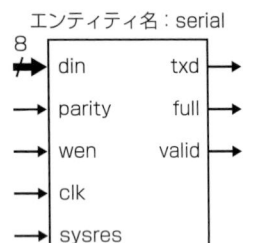

エンティティ名：serial

```
  8
──→ din      txd ──→
──→ parity   full ──→
──→ wen      valid ──→
──→ clk
──→ sysres
```

信号名	ビット幅	I/O	意味
din	8	I	パラレル・データ入力
parity	1	I	パリティ・ビットの有無，1：パリティあり，0：パリティなし
wen	1	I	内部レジスタへの書き込み信号，クロック1周期分のみ1
clk	1	I	クロック(最大50MHz)
sysres	1	I	初期化用非同期リセット入力
txd	1	O	シリアル出力(クロック同期で出力)
full	1	O	データ入力レジスタ(datareg)満杯
valid	1	O	シリアル出力有効

- 設定信号によって，動作中はparityを固定とする
- wenはクロックに同期し，1クロックの間だけ1とする
- wenの前後1クロック期間，入力データを保持しているものとする

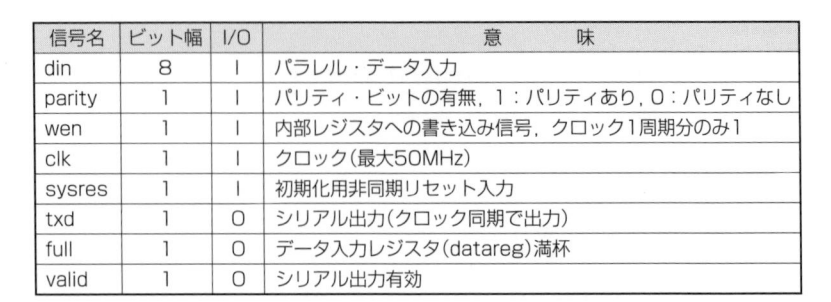

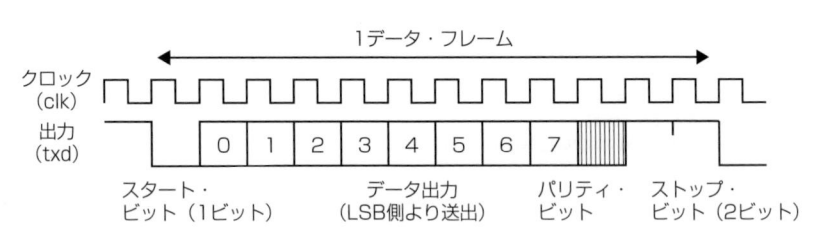

```
クロック
(clk)  ⊓⊔⊓⊔⊓⊔⊓⊔⊓⊔⊓⊔⊓⊔⊓⊔⊓⊔⊓⊔
出力
(txd)    │0│1│2│3│4│5│6│7│▨│
       スタート・  データ出力       パリティ・ ストップ・
       ビット(1ビット) (LSB側より送出)  ビット   ビット(2ビット)
```

力には最低10ビットかかります．したがって，入力が連続するとデータを受け取ることができなくなります．RS-232-Cの内部には，データ保持のバッファが用意されています．しかし，その容量には限界があります．この回路は，バッファが満杯(full)になると**full**出力を**'1'**にします．パラレル・データを送信する側は，この**full**信号を受け取り，回路が満杯の状態でデータを出力しないように設計します．

リスト7.10は，VHDLで作成したこの回路のシミュレーション記述です．このシミュレーション記述では，パラレル入力で与えた値を期待値として，シリアル出力の値と比較しています．

大規模なロジック回路の設計では，いく度となく回路に修正を加えていくことになります．もし，期待値照合のシミュレーション記述が存在せず，シミュレーション結果の波形を目視でチェックするとなると，何度も同じシミュレーション結果を確認しなければならないことになります．このように時間がかかる検証作業を何度も繰り返していては，設計効率が低下します．また，何度も同じことを繰り返すと，単純なミスを犯しやすくなります．シミュレーションでは，期待値照合を考慮して検証の効率化を図らなければなりません．

このシミュレーション記述では三つの項目のテストを行っています．1項目は，パリティ・ビット有りのときの通常動作テストです．①で，まず満杯の状態でないことを確認しています．その後，②でパラレル・データを**din**に入力すると同時に，格納用配列に**send_din_bank**を送信順に格納していきます．このとき，**parity**入力の値も同様に**send_parity_bank**に格納しておきます．2項目では，③でパリティなしに切り替えて，同様の処理を繰り返します．3項目では，送信データの間隔を変えて送信し，そのときのfullフラグの動作を確認しています．**full='1'**のときはデータ入力を行っても無視されるはずなので，**send_din_bank**にデータを格納していません．

出力信号**TXD**の値は，別の受信用process文で処理されています．シリアル出力**TXD**から出力された値は，④でパラレルに変換され，先ほど**send_parity_bank**に格納した値と順に比較されています(⑤)．このとき，期待値照合の結果をメッセージ出力で示しています．**parity**入力が**'1'**の場合には，**TXD**から出力されたパリティの値を計算し，パリティ・ビットの値と比較しています(⑥)．

7.4 シリアル・インターフェースのシミュレーション

〈リスト7.10〉期待値照合の記述例

```vhdl
library IEEE,STD;
use IEEE.std_logic_1164.all;
use IEEE.std_logic_unsigned.all;
use IEEE.std_logic_arith.all;
use STD.textio.all;
use IEEE.std_logic_textio.all;

entity serial_test is end;

architecture SIM of serial_test is
  component serial
    port( clk     : in  std_logic;
          sysres  : in  std_logic;
          wen     : in  std_logic;
          din     : in  std_logic_vector(7 downto 0);
          parity  : in  std_logic;
          txd     : out std_logic;
          full    : out std_logic;
          valid   : out std_logic );
  end component;

  signal clk, sysres, wen,parity : std_logic;
  signal txd, full, valid        : std_logic;
  signal din                     : std_logic_vector(7 downto 0);
  type   ARRAY_OF_ARRAY is array ( Natural range <> ) of std_logic_vector(7 downto 0);
  signal send_din_bank           : ARRAY_OF_ARRAY(1023 downto 0);
  signal send_parity_bank        : std_logic_vector(1023 downto 0);
  signal send_number             : integer := 0;
  signal read_number             : integer := 0;
  signal endflag                 : boolean := false;

  constant CYCLE      : time := 20 ns;
  constant HALF_CYCLE : time := 10 ns;
  constant STB        : time :=  5 ns;

procedure posedge ( signal clk : in std_logic) is
  begin
    wait until clk'event and clk='1';   --立ち上がりエッジを検出
  end posedge;

  procedure write_reg1( data : in  std_logic_vector(7 downto 0);
                   clk, STB  : in  std_logic;
                   signal din : out std_logic_vector(7 downto 0);
                   signal wen : out std_logic) is
  begin
                din <= data after STB;
                wen <= '1'  after STB;
    posedge(clk); wen <= '0'  after STB;
  end write_reg1;
```

　期待値照合では，必ずしもシミュレーションの出力結果に相当する単純なテスト・パターンと比較するとは限りません．シミュレーション記述によって計算した値と回路からの出力結果を比較することもあります．このようなシミュレーション記述の作成には，RTLデータを記述するのと同じぐらいの時間がかかります．最近では，「設計期間の70％が検証に費やされている」と言われるようになってきました．バグの少ない回路を作成するために，幅広い検証を行える，検証効率のいいシミュレーション記述を作成しなければなりません．

⟨リスト7.10⟩ 期待値照合の記述例（つづき）

```
begin
s1: serial port map(    clk     =>  clk,
                        sysres  =>  sysres,
                        din     =>  din,
                        wen     =>  wen,
                        parity  =>  parity,
                        txd     =>  txd,
                        full    =>  full,
                        valid   =>  valid
                    );
process begin                           -- クロック生成記述
                    clk <= '1';
    wait for HALF_CYCLE; clk <= '0';
    wait for HALF_CYCLE;
    if(endflag) then wait; end if;
end process;

process
  variable i,k: integer;
begin
  sysres <= '1'; wen <= '0'; parity <= '1';
  wait for STB;
  posedge(clk); sysres <= '0' after STB;

  for j in 0 to 255 loop        -- 項目1のチェック
    posedge(clk);               -- パリティ・モードでtxdのパリティ・ビットを確認する
    while full='1' loop                                             ①  full状態でないことを確認
      posedge(clk);

    end loop;
    write_reg1( conv_std_logic_vector(j, 8),clk,STB,din,wen);
    send_din_bank(send_number) <= conv_std_logic_vector(j,8);   -- 送信したデータをストック
    send_parity_bank(send_number) <= parity;                    -- 送信したパリティをストック
    send_number <= send_number + 1;                             -- 送信numberをインクリメント
  end loop;                                                     ② パラレル・データを入力すると
                                                                   ともに，そのデータを保管する
  parity <= '0';                -- 項目2のチェック
  i := 0;                       -- パリティなしでtxd出力確認
  while i<256 loop
    posedge(clk);
    while full='1' loop
      posedge(clk);
    end loop;                                                   ③ パリティなしに切り替え
    write_reg1( conv_std_logic_vector(i, 8), din, wen);
    send_din_bank(send_number) <= conv_std_logic_vector(i,8);
    send_parity_bank(send_number) <= parity;
    send_number <= send_number + 1;
    i := i + 7;
  end loop;

  while full='1' loop
    posedge(clk);
  end loop;
  i := 0;                       -- 項目3のチェック
  while i<256 loop
    k := i / 29;                -- 間隔を変えて
    while k /=0  loop
      posedge(clk);
      k := k - 1;
    end loop;
    posedge(clk);
```

〈リスト7.10〉期待値照合の記述例（つづき）

```vhdl
      if(full /='1') then
        send_din_bank(send_number) <= conv_std_logic_vector(i,8);
        send_parity_bank(send_number) <= parity;
        send_number <= send_number + 1;
      end if;
      write_reg1( conv_std_logic_vector(i, 8), din, wen);
      i := i + 17;
    end loop;

 while full='1' loop
      posedge(clk);
    end loop;

    assert false
      severity ERROR;
        endflag <= true;
      wait;

end process;

process                                        -- 受信プロセス
    variable Lo          : line;
    variable Word6       : string(1 to 6);
    variable Word18      : string(1 to 18);
    variable Expparity   : std_logic;
    variable read_parity : std_logic;
    variable read_data   : std_logic_vector(7 downto 0);
begin
    wait for STB;

    while (txd /= '0') loop                    -- Startフラグが来るまで読み飛ばす
      posedge(clk);
    end loop;

    for j in 0 to 7 loop                       -- dataの受け取り
      posedge(clk); read_data(j) := txd;
    end loop;                                                       ④ txdデータを8ビット読み込む

    write(LO,read_number,LEFT,4);                                   ⑤ 出力されたデータと格納したデータを比較
    Word6 := " Send="; write(LO,Word6);
    write(LO,send_din_bank(read_number));
    Word6 := ";Read="; write(LO,Word6);
    write(LO,read_data);

    if( read_data = send_din_bank(read_number) ) then    -- 送信データと受信データの照合
      Word6 := ";OK   "; write(LO,Word6);
    else
      Word6 := ";NG!!!"; write(LO,Word6);
    end if;

    if(send_parity_bank(read_number) = '1') then    -- Parity ONの場合の処理
      posedge(clk); read_parity := txd;
      Expparity := read_data(7) xor read_data(6) xor read_data(5) xor
                   read_data(4) xor read_data(3) xor read_data(2) xor
                   read_data(1) xor read_data(0);                    ⑥ パリティを計算し，受信した
      if(read_parity = Expparity )   then                               パリティ・ビットと比較
        Word6 := "PariOK"; write(LO,Word6);
      else
        Word6 := "PariNG"; write(LO,Word6);
        Word6 := ":Read="; write(LO,Word6);
        write(LO,read_parity);
      end if;
    end if;
```

〈リスト7.10〉期待値照合の記述例（つづき）

```
    read_number <= read_number + 1;           -- readするnumberをインクリメント
    posedge(clk);

    if(txd /= '1') then
      Word18 := " Stop bit Error!! "; write(LO,Word18);
    end if;
    writeline(OUTPUT,LO);

    if(endflag) then wait; end if;

end process;

end SIM;

configuration CFG_SERIAL of serial_test is
    for SIM
    end for;
end CFG_SERIAL;
```

第8章
RTL記述の注意点と高度な文法

　ロジック回路の生成には，RTL（Register Transfer Level）と呼ばれる記述方法を使う必要があります（下掲のコラム5「RTL記述とは？」を参照）．RTLでは，レジスタのみハードウェアと1対1対応になるように直接的に記述し，レジスタ間については機能を記述していく方法です．RTLで使用できるVHDLの構文には制限があります．付録A（p.154～p.166）にその制限を示します．

　RTLで使用できる文法を使い，RTLの構文規定に沿って記述すれば論理合成ツールがロジック回路を生成します．ただし，どのような記述を行っても，正しいロジック回路が生成されるというわけではありません．正しい考えかたに基づいて記述しないと，RTLのシミュレーション結果と実際のデバイスの動作が異なることがあります．また，動作は同じであっても，動作速度が遅すぎて使用できないかもしれません．さらに，必要な回路規模内にロジック回路を収めないと，LSI（ASICやFPGAなど）を作成で

COLUMN 5
RTL記述とは？

　RTL記述は，レジスタを明示的に規定する記述方法です．これに対してビヘイビア記述は，回路のふるまいをもっと単純に記述する方法です．ビヘイビア記述はRTL記述と異なり，その指し示す範囲が明確ではありません．RTL記述を含めてそう呼ぶ場合もありますし，どこまで単純な記述をビヘイビアと呼ぶかといった定義はありません．しかし，一般的には，RTLより一つ上の階層の記述方法といった位置づけで，「ビヘイビア記述」ということばが使われています．

　すでに数年前から，RTLよりも上位のビヘイビア記述からロジック回路を生成しようという試みが活発に行われています．ようやく実用レベルに達したとも言われており，今後，ロジック回路設計の中心は，RTL記述より上位に移行していくのかもしれません．しかし，RTLの概念を知らずにビヘイビアを記述できるものではありません．また，RTL記述は，設計データを受け渡す際の安定したインターフェース仕様としても定着しており，RTL記述そのものがなくなることはなさそうです．

　ビヘイビアはVHDLやVerilog HDLでも記述できますが，最近になってビヘイビアを記述するための言語として，SystemCやSpecC，SystemVerilogなどが登場しています．これらの言語の構成はよりC/C++言語に近いため，C/C++言語で記述された豊富なソフトウェア資産を利用しやすくなります．しかし，これらの言語はハードウェア・デバイスに近い動きを表現することを苦手としている面があるため，今後もVHDLやVerilog HDLがなくなることはなさそうです．将来的には，これらの言語とVHDL，Verilog HDLが混在した環境でLSIを設計することが多くなりそうです．

きないこともあります．

　RTL記述の場合，記述スタイルというものを考慮しなければなりません．本書は，ロジック回路の作成を始める上で最低限必要な記述スタイルを解説しています．この章では，これまで登場しなかった記述スタイルをまとめて紹介していきます．大規模なLSIのロジック回路設計を行う方は，さらに多くの設計スタイルを身に付ける必要があります（下掲のコラム6「設計スタイルガイド」を参照）．

8.1　シミュレーションにおける'X'の伝播

　RTL記述をシミュレーションした結果と，論理合成後のロジック・ゲート回路をシミュレーションした結果が一致しないことがあります．ロジック・ゲート回路シミュレーションは，RTLシミュレーションと比べて10〜100倍の時間がかかります．最近の大規模なロジック回路設計では，処理時間の関係でロジック・ゲート回路のすべてをシミュレーションすることはできません．RTL設計では，こうしたシミュレーション結果の違いが生じないように，細心の注意を払う必要があります．

　シミュレーション結果が一致しない原因の一つに，シミュレーションにおける '**X**' の伝播の違いが挙げられます．例えば，リスト8.1の **SEL** に '**1**' が入力されれば '**0**' を出力し，'**0**' が入力されれば '**1**' を出力します．ここで **SEL** に '**X**' が代入されたとします．この場合，'**X**' は '**1**' ではないのでelse項が実行されて '**1**' を出力してしまいます．前段から伝播してきた信号を '**X**' のまま後段に伝播させたいのですが，このままでは '**1**' になってしまいます．このような状態でシミュレーションを行うと，回路が正しく動作しているように見えてしまいます．

　リスト8.2は，'**X**' と '**U**' が入力されたときの条件を記述したものです．条件式に '**X**' や '**U**' が入力されている場合，論理合成ツールはその行を無視します．このため，RTLシミュレーションでもロジック回路生成後のシミュレーションでも，'**U**' や '**X**' が伝播するようになります．しかしVHDLでは，'**X**' や '**U**' のほかに '**Z**' や '**W**' なども入力されます．これら入力されうるすべての値を考慮して条件式を記述しなければならず，これではとても煩雑になってしまいます．

　リスト8.3は，else項を利用してリスト8.2を記述し直したものです．else項に至るまで **SEL** がとりうるすべての値，つまり '**0**' と '**1**' が記載されています．そのため，ロジック回路生成の時点でelse項は無視されます．RTLシミュレーションで，**SEL** に '**X**'，'**U**'，'**Z**' などの値が入力されればelse項が実行され，'**X**' が伝播されます．'**X**'，'**U**'，'**Z**' などの言わば不正な値はまとめて '**X**' として出力されるので，不正な値が消えてしまうことはありません．

C・O・L・U・M・N 6
『設計スタイルガイド』

　設計スタイルを身に付ける際には，『設計スタイルガイド』の熟読をお勧めします．『設計スタイルガイド』は，日本の大手電機メーカのほとんどが社内の設計標準として採用しています．現在，STARC（半導体理工学研究センター，http://www.starc.or.jp/）によって毎年改訂され，出版されています．『設計スタイルガイド』は，単に設計基準を示しただけではなく，設計品質を高めるにはどのように設計し，どのように記述すればよいかをわかりやすく解説しています．

8.1 シミュレーションにおける'X'の伝播

〈リスト8.1〉入力を2値しか規定していない記述

```
process (SEL) begin
  if(SEL='1') then
      Y <= '0';
  else
      Y <= '1';
  end if;
end process;
```

〈リスト8.2〉入力に'X'と'U'を付け加えた記述

```
process(SEL) begin
  if(SEL='1') then
      Y <= '0';
  elsif(SEL='X') then
      Y <= 'X';
  elsif(SEL='U') then
      Y <= 'X';
  else
      Y <= '1';
  end if;
end process;
```

〈リスト8.3〉elseを利用した記述

```
process(SEL) begin
  if(SEL='1') then
      Y <= '0';
  elsif(SEL='0') then
      Y <= '1';
  else
      Y <= 'X';
  end if;
end process;
```

〈リスト8.4〉don't careによるシミュレーション結果の違い

```
process(Ain) begin
  case Ain is
    when "001"   => CaseOut <= "01";
    when "010"   => CaseOut <= "10";
    when "100"   => CaseOut <= "11";
    when others => CaseOut <= "XX";
  end case;
end process;
```

Ainが"111"の場合，CaseOutは"XX"となり，Youtは'0'となる．もし，論理合成でCaseOutを"10"と生成してしまうと，Youtは'1'となり，RTLシミュレーションの結果とロジック・ゲート回路のシミュレーションの結果が一致しなくなる

（a）論理合成ツールがdon't careと判断する記述

```
process(CaseOut) begin
  if(CaseOut = "10") then
      Yout <= '1';
  else
      Yout <= '0';
  end if;
end process;
```

（b）結果が一致しない場合

　この記述はそれほど複雑ではないので，リスト8.2よりもよいと言えるでしょう．しかし，現実問題として，すべての記述をこのように表現するのは煩雑です．**'X'**を伝播させるために，余分な**elsif**項を記述しなければなりません．リスト8.3のようにきわめて単純なif文であれば，まちがえずに記述できるかもしれません．しかし，複雑なif文をまったくミスなく記述することは容易ではありません．**elsif**項を誤って記述すると，そのミスによって回路動作が変わってしまうので，かえって危険な記述と言えます．

　もし完全に誤りなくリスト8.3のような記述を行ったとしても，RTLシミュレーションにおける **'X'** の伝播と，ロジック・ゲート回路シミュレーションにおける **'X'** の伝播が，一致しないことがあります．なぜならRTL記述のif文と論理合成ツールが生成したロジック・ゲートは，論理は同じであっても処理する順番が同じではないからです．また，ロジック・ゲートはAND素子やNAND素子のようにif文よりも細かいロジック・ゲート素子で構成されており，まったく同じ構造ということはありません．このような場合，**'X'** のふるまいは，一致するとはかぎりません．

　RTLシミュレーションの結果とロジック・ゲート回路シミュレーションの結果を一致させるためには，**'X'**，**'U'** を排除する必要があります．2.7節のところで紹介したように，初期リセットでフリップフロップの値を確定させ，**'X'**，**'U'** のないシミュレーションを行うようにしてください．

　2.4節のところでdon't care出力について紹介しました．論理合成ツールは，出力信号に **'X'** を代入するとdon't careと判断し，回路規模を小さくしてくれます．しかし，実はdon't careはたいへん危険な記

述とも言えます．リスト8.4において，**Ain**に"**111**"が入力されれば**others**項が実行され，**CaseOut**は"**XX**"となります．この場合，**CaseOut**が次のif文の条件式で"**01**"ではないので，**else**項が実行されます．したがって，**Yout**には'**1**'が出力されます．論理合成ツールがdon't careと判断した場合，実際のロジック・ゲート回路で'**1**'にするか'**0**'にするかは自由に選べます．もちろんその分，生成されるゲート規模は小さくなくなるのですが，実際にどの程度の規模になるのかはわかりません．もし，論理合成ツールの生成した回路が"**10**"を出力する回路だったとすると，**Yout**の結果は'**0**'となり，結果が一致しなくなります．RTL記述では，don't careを期待して信号に'**X**'の値を代入することはたいへん危険です．'**X**'を代入することを避けるようにしてください．リスト8.3の記述にもミスがあり，**else**項の前にすべての条件が記述されていないと，don't careの'**X**'を作り出していることになります．

しかし，case文の場合，2.4節のところで紹介したように，don't careを記述するかしないかによって，回路規模が大きく変わることがあります．dont careの'**X**'を否定してしまうと，case文を使用せよと言っていることにもなります．case文を使用するときは，この点をよく考えてください．

8.2 複数クロックのデザイン

RTLシミュレーションの結果と論理合成後のロジック・ゲート回路シミュレーションの結果が一致しないもう一つの原因として，シミュレーションにおけるレーシングの問題があります．レーシングは，複数のクロックがある場合に発生しやすい問題です．ここでは，ゲーテッド・クロックを使用した場合のレーシングの発生について説明していきます．

リスト8.5がゲーテッド・クロックを作成する記述で，図8.1がその回路図とイベント変化を表した図になります．4.1節のところで解説したように，信号代入によってデルタ遅延が生じます．レジスタAは，**CLK**のイベントによって代入されているので，1デルタ遅延分だけ遅く値が変化します．一方，ゲーテッド・クロック信号**GATECLK**は，クロック信号**CLK**とイネーブル信号**EN**のANDをとっています．この信号も**CLK**に対して1デルタ遅延分だけ遅く値が変化します．レジスタBが実行されるとき，クロック信号である**GATECLK**と**A**は同じ位置で変化しています．同じ位置で変化している信号について，どちらが早く変化するかについての規定はありません．**GATECLK**の変化が**A**より先か後かによって，シミュレー

〈リスト8.5〉
ゲーテッド・クロック回路の記述例

```
ゲーテッド・クロックの作成
GATECLK <= CLK and EN;

レジスタA
process ( CLK ) begin
  if(CLK'event and CLK='1') then
    A <= AIN;
  end if;
end process;

レジスタK
process ( GATECLK ) begin
  if(GATECLK'event and GATECLK='1') then
    K <= A;
  end if;
end process;
```

8.2 複数クロックのデザイン　141

ション結果は変化してしまいます．VHDLでロジック回路を設計する場合，この問題への配慮が必要となります．

このように，**GATECLK**と**A**の値が変化するとき，どちらが先に変化するのかわかりません．

このレーシングの問題は，**リスト8.6**の(a)のようにデルタ遅延位置をそろえることで解決します．**CLK**を**CLK2**に代入することで，**GATECLK**と**CLK**のデルタ遅延位置をそろえます．しかし，クロックのタイミングをそろえる方法は，クロック系が複雑になった場合に煩雑になりがちで，ミスも起きやすく

〈図8.1〉ゲーテッド・クロック回路のイベント変化

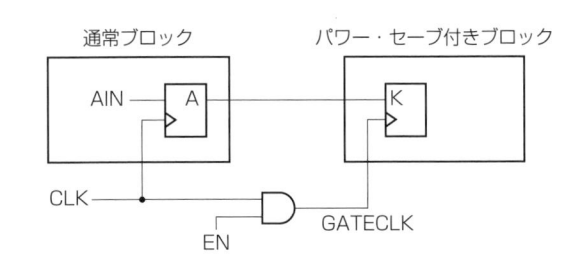

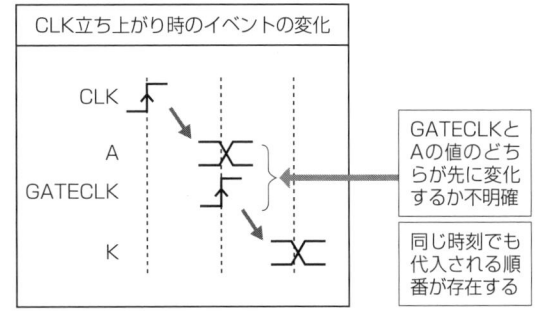

〈リスト8.6〉レーシング問題への対策

```
signal CLK2, GATECLK, A, K : std_logic;

begin
CLK2     <= CLK;
GATECLK  <= CLK and EN;

process (CLK2) begin
  if(CLK2'event and CLK2='1') then
    A <= AIN;
  end if;
end process;

process (GATECLK) begin
  if(GATECLK'event and GATECLK='1') then
    K <= A;
  end if;
end process;
```

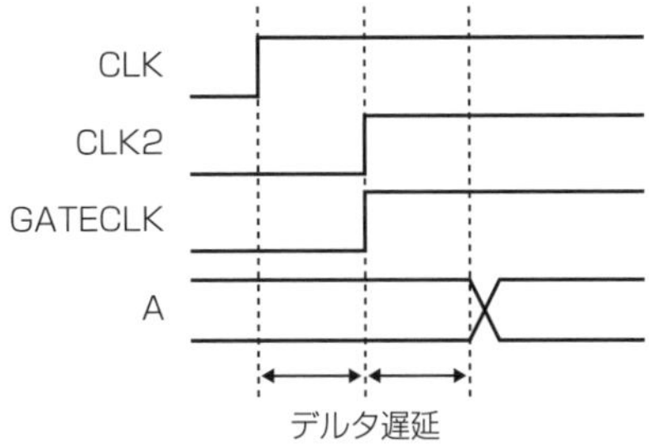

(a) デルタ遅延をそろえる

```
architecture RTL of FF is
constant DELAY : time:= 1 ns;
begin

GATECLK <= CLK and EN;

process (CLK) begin
  if(CLK'event and CLK='1') then
    A <= AIN after DELAY;
  end if;
end process;

process (GATECLK) begin
  if(GATECLK'event and GATECLK='1') then
    K <= A;
  end if;
end process;
```

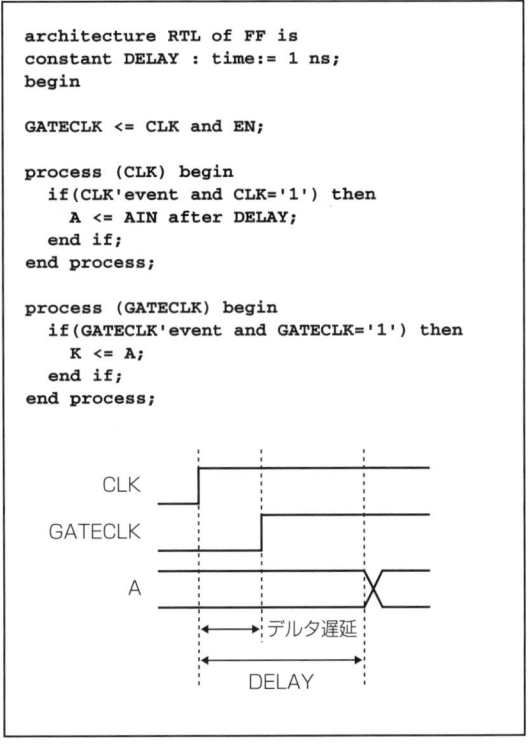

(b) 遅延式を挿入する

なります．クロック系は設計の最後に変更されることもあります．そのため，以前問題がなかった箇所のデルタ遅延位置が変更されてしまうこともあります．

この問題のもう一つの解決方法として，遅延式を入れる方法があります．

リスト8.6の(b)の`A <= AIN after DELAY;`のように，信号への代入式に遅延式を指定することにより，`GATECLK`と信号`A`の変化のタイミングが明確になり，レーシングを回避できるようになります．デルタ遅延はあくまでも時間ゼロの仮想の遅延です．信号代入時に遅延を入れてしまえば，どのクロックよりも後に，確実に変化させることができます．

この遅延は，クロックのレーシング問題を解決するためのものです．設計上，クロックが完全に一つであれば，この遅延値は不要です．もし，クロック系が複雑であれば，すべてのフリップフロップ生成の記述に遅延値を付加することをお勧めします．

代入時に遅延値を挿入するのは，あくまでもRTLシミュレーションにおけるレーシング問題の対策のためです．この遅延値は論理合成の際には無視されます．遅延値はごく小さい値にしてください．ただし，小数点で記述すると，論理合成ツールがエラーと判断することがあるので，遅延値は整数（1 ns，100 ps，10 psなど）にしてください．この遅延値を付加するのはフリップフロップ生成の記述だけで，組み合わせ回路を生成する記述にはいっさい入れないでください．

8.3 フリップフロップ生成の制限

RTL記述から生成された回路では，レジスタの位置と個数は記述されたままの状態が保持されます．もちろん，レジスタの生成といってもレジスタのセルを直接記述しなければならないなどということはなく，レジスタを推定させる記述を使います．2.7節でその方法を紹介しました．ここでは，さらにそのときの禁止事項について紹介しておきます．

〈リスト8.7〉一つのプロセス文に二つのレジスタ生成を記述した例

```
process(CLK1,CLK2) begin
   if(CLK1'event and CLK1='1')then
      Y <= A;
   end if;
   if(CLK2'event and CLK2='1')then
      Z <= B;
   end if;
end process;

process begin
   wait until CLK1'event and CLK1='1';
      Y <= A;
   wait until CLK2'event and CLK2='1';
      Z <= B;
end process;
```

〈リスト8.8〉if文のレジスタ記述にelse項を記述した例

```
process (CLK) begin
   if(CLK'event and CLK='1') then
      Y <= A;
   else
      Y <= B;
   end if;
end process;
```

〈リスト8.9〉変数を信号に代入した例

```
process(CLK)
variable TMP : std_logic;
begin
   if(CLK'event and CLK='1') then
      TMP := A;
   end if;
   Y <= TMP;
end if;
```

リスト8.7は一つのプロセス文内にレジスタ生成の記述が二つ存在する例です．このような記述は禁止されています．一つのプロセス文は一つのレジスタ生成の記述だけにする必要があります．

リスト8.8はif文のレジスタ記述で**else**項を記述したものです．このような記述も禁止されています．

リスト8.9はレジスタ記述中で変数**variable**に値を代入し，その後で信号**signal**に代入している記述ですが，このような記述も禁止されています．変数を使用した場合でもレジスタ記述の中で信号**signal**に代入しなければなりません．

8.4 プロセス文を記述するうえでの注意点

回路図による設計ではANDやORなどの部品を図面上に並べていきます．VHDLのプロセス文は，その部品の一つ一つに対応していると考えてください．

ANDやNAND，あるいはもう少し複雑なマルチプレクサなどの複合ゲートの出力は1本しかありません．フリップフロップの出力は**Q**と**QN**の2本がありますが，片方の出力はただの反転にすぎません．また，カウンタやアダーといったマクロセルの出力もバス出力などで複数本出力されますが，非常に関連性の高いものを出力しています．

プロセス文を記述するときもこれと同じで，一つあるいは関連性の高い信号のみを一つのプロセス文にまとめていきます．リスト8.10の記述は**DOUT**，**EOUT**，**FOUT**，**GOUT**という関連性の低い出力信号を一つのプロセス文にまとめたものです．**FOUT**は，**B**='1'ならば '1' を出力し，そうでなければ '0' を出力します．

しかし，この記述ではほかの出力信号と入力条件を合わせるため，**A**='1'の場合や**C**='1'の場合の出力も記述しなければなりません．このため，**FOUT**の出力に余分な論理を付け加えてしまいます．

この記述は，リスト8.11のように三つのプロセス文に分けたほうがよいでしょう．**DOUT**と**EOUT**は入力条件が同じなので同じプロセス文で記述します．**FOUT**は入力条件が**B**の場合のみを記述します．こう

〈リスト8.10〉関連性の低い信号を一つにまとめた例

```
library IEEE;
use IEEE.std_logic_1164.all;
entity EX1 is
    port ( A,B,C,ZIN,YIN : in std_logic;
           DOUT,EOUT,FOUT,GOUT : out std_logic);
end EX1;
architecture RTL of EX1 is
begin
  process ( A,B,C,ZIN,YIN) begin
    if(A='1' and B='0') then
        DOUT <= '1';
        EOUT <= ZIN;
        FOUT <= '0';
        GOUT <= '0';
    elsif(A='0' and B='0') then
        DOUT <= '0';
        EOUT <= YIN;
        FOUT <= '0';
        GOUT <= '0';
    elsif(A='0' and B='1') then
        DOUT <= '0';
        EOUT <= YIN;
        FOUT <= '1';
        GOUT <= '0';
    elsif(C='1') then
        DOUT <= '1';
        EOUT <= ZIN;
        FOUT <= '1';
        GOUT <= '1';
    else
        DOUT <= '1';
        EOUT <= ZIN;
        FOUT <= '1';
        GOUT <= '0';
    end if;
  end process;
end RTL;
```

〈リスト8.11〉複数のプロセス文に分けた例

```
library IEEE;
use IEEE.std_logic_1164.all;
entity EX2 is
    port ( A,B,C,ZIN,YIN : in std_logic; DOUT,EOUT,FOUT,GOUT : out std_logic);
end EX2;
architecture RTL of EX2 is
begin
  process ( A,ZIN,YIN ) begin
    if(A='1') then
      DOUT <= '1';
      EOUT <= ZIN;
    else
      DOUT <= '0';
      EOUT <= YIN;
    end if;
  end process;
  process ( B ) begin
    if(B='1') then
      FOUT <= '1';
    else
      FOUT <= '0';
    end if;
  end process;
  process ( A,B,C ) begin
    if(A='1' and B='1' and C='1') then
      GOUT <= '1';
    else
      GOUT <= '0';
    end if;
  end process;
end RTL;
```

することにより，**FOUT**に余分な論理が付け加わってしまうことを防いでいます．

　実際には，**リスト8.10**と**リスト8.11**は記述が単純なので，同じロジック回路を生成します．しかし，記述が複雑になってくると生成されるロジック回路の面積や速度に差が出てきます．RTL記述による設計は，論理が合っていればどのように記述してもかまわないというものではありません．回路を図面入力する場合でも，RTL記述による設計の場合でも回路設計の本質は変わりません．ロジック回路が生成されたときの回路構造を意識して記述するようにしてください．

8.5　if文，case文

　RTLの記述は，大きく分類するとif文の記述，case文の記述，論理式の記述に分けることができます．このうち，論理合成ツールによって生成した回路の品質（動作速度，回路規模）がもっともよいのは論理式の記述です．回路の品質だけを考えれば，すべて論理式で記述するべきなのかもしれません．しかし，論理式の記述は，場合によっては作成するのに時間がかかります．可読性も良いとは言えません．

　リスト8.12のif文の記述は，**リスト1.2**のAND-ORセレクタの記述とまったく同じです．else項が一つあるだけの単純なif文であれば，論理式で記述してもよいでしょう．しかし，**リスト2.7**（プライオリティ・エンコーダの記述）ぐらいになると，論理式で記述することはそれほど単純ではありません．このよ

〈リスト8.12〉
セレクタの記述(elseしかない単純なif文の記述)

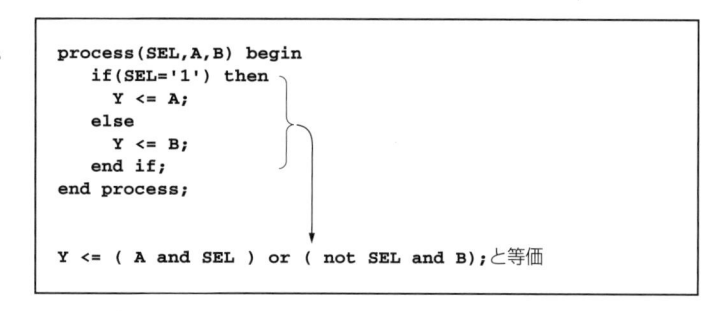

```
process(SEL,A,B) begin
   if(SEL='1') then
      Y <= A;
   else
      Y <= B;
   end if;
end process;

Y <= ( A and SEL ) or ( not SEL and B);と等価
```

うなプライオリティを持った記述はif文で記述するべきです．

　if文で記述する場合，プライオリティを意識してください．if-ifあるいはelsifのネストが1段あると，そのぶんプライオリティ・ロジックが付加されます．プライオリティ・ロジックの回路は，このAND-ORセレクタが1段追加されるのと論理的には同じです．ネスト（入れ子）の段数があまり多くなると，ロジック・ゲート規模が大きくなり，速度も低下していきます．

　リスト2.3や**リスト4.8**のif文は，余分なelsif項が存在する記述です．**リスト2.3**では，`SEL="00"`，`SEL="01"`，`SEL="10"`は互いに相反する論理であり，プライオリティは必要ありません．この記述は，本来case文で記述するべきでしょう．これに対して，**リスト2.7**はプライオリティが必要な記述です．この二つの記述の違いを理解し，余分なif-ifやelsifのネストを極力避けるようにしてください．

　case文は，回路規模が大きくなりやすい文法です．if文や論理式で簡単に表現できるものをすべてcase文で記述すると，品質の悪い回路ができ上がってしまいます．case文は，if文または論理式で表現しにくいものにだけ適用すると考えたほうがよいでしょう．

　case文を記述するときは，「8.1　シミュレーションにおける`'X'`の伝播」のところで解説したdon't careの問題が生じます．don't careを利用しないと，さらに規模の大きい，速度の遅い回路が生成されてしまいます．しかし，don't careを使用するとRTLシミュレーションの結果とロジック・ゲート回路シミュレーションの結果が一致する保証がなくなり，たいへん危険です．もし，case文でdon't careを利用するのであれば，その行はシミュレーションによって実行しないでください．シミュレーションで実行されることがなければ`'X'`が発生しないので，問題はありません．

　もし，シミュレーションで実行しないことを保証できないのであれば，case文のothers項に固定値を代入することになります．このとき，場合によっては回路規模がかなり増えてしまいます．**リスト2.6**（バイナリ-デシマル・エンコーダの記述）では，入力`INPUT`が8ビット幅です．このとき，とりうる最大の項目数は256になります．**リスト2.6**では，このうちのたった8項目しか記述していません．もし，この記述においてothers項に固定値を代入すると，256項目のすべてを記述したことと同じになります．その分，回路規模の格差が大きくなってしまいます．最大の項目数と比べて記述されている項目数が多い場合は，この格差は小さくなります．case文の利用は，すべての条件が記述されている場合，および最大項目数と比べて記述されている項目数が多くなる場合に限定しましょう．それ以外の場合は，固定値を代入する方法を利用します．

〈リスト8.13〉ラベルの記述

```
CO1: FULL <= IN_FULL ;
CO2: EMPTY <= IN_EMPTY ;
CO3: DATAOUT <= RAM(RP) ;

P1: process(CLK) begin
       if(CLK'event and CLK = '1' ) then
          if(WR = '0' and IN_FULL = '0') then
             RAM(WP) <= DATAIN;
          end if;
       end if;
    end process;

P2: process(CLK,RESET) begin
       if(RESET = '1') then
          WP    <= 0;
       elsif(CLK'event and CLK = '1') then
          if(WR='0' and IN_FULL = '0') then
             if(WP = W - 1) then
                WP <= 0;
             else
                WP <= WP + 1;
             end if;
          end if;
       end if;
    end process;
```

（ラベル名）

8.6 同時処理文

● ラベル

1.4節で解説したように，コンポーネント・インスタンス文ではラベルが必要になります．それと同じく，すべての同時処理文にはラベルを付けることができます．ラベルは，回路中でユニーク（他の記述で変数名などに使っていない名まえ）でなければなりません（**リスト8.13**）．

ラベルはジェネレート文を除き，動作に影響を及ぼしません．記述を見やすくするため，あるいはシミュレーションの際の目印に使用されます．

● when文

if文およびcase文は，プロセス文の中でしか使用することができません．しかし，同時処理文の中でwhen文を使用することで，同じことができます．

　　信号 <= 値 [when 条件 {値 when 条件} else 値] ;

リスト8.14がリスト2.3のif文をwhen文に直した記述です．when文はif文の場合と異なり，必ずelse項を記述する必要があります．このため，自分自身を代入するような記述を行わないかぎり，ラッチを生成してしまうことはありません．またif文とは異なり，when文をネストすることはできません．したがって，when文を使用した記述はロジック回路の生成という面ではより確実な記述と言え，生成される回路は設計者の能力によって差がつきにくくなります．プロセス文やif文，case文を使用せず，この

〈リスト8.14〉
when文による記述

```
library IEEE;
use IEEE.std_logic_1164.all;
use IEEE.std_logic_unsigned.all;
entity MUX4 is

  port( INPUT : in std_logic_vector(3 downto 0);
        SEL   : in std_logic_vector(1 downto 0);
         Y    : out std_logic);
end MUX4;

architecture RTL of MUX4 is
begin

    Y <= INPUT(0) when SEL = 0 else
         INPUT(1) when SEL = 1 else
         INPUT(2) when SEL = 2 else
         INPUT(3);

end RTL;
```

when文だけで記述する設計者もいます．
　大規模なロジック回路の設計では，何人もの人間が作業にかかわることになります．この場合，RTL設計を熟知した人もいれば，初めて記述する初心者もいるわけです．初心者がVHDL記述を行う場合，一つのプロセス文内でif文やcase文を何段もネストさせるような複雑な記述作成をしてしまうことがあります．そして，文法的には正しくても回路を生成できないといった場合があります．また，このような記述を行うと，他人が見ても，さらには自分自身が見ても理解できないという状況が起こりえます．
　プロセス文を使用せず，when文と論理式だけで記述すると，このような状況を防ぎやすくなります．しかし，これはVHDLの機能を限定して使用することになり，RTL記述による設計のメリットを半減させてしまいます．やはり，RTL記述を十分に理解してからプロセス文で記述することをお勧めします．

● ジェネレート文
　同じコンポーネントの繰り返しを表現する場合にはジェネレート文を使用します．ジェネレート文にはfor-generate文とif-generate文の2種類があります．

　　ラベル：**for** ジェネレート変数 **in** 不連続範囲 **generate**
　　　　{同時処理文}
　end generate [ラベル名]**;**

　　ラベル：**if** 条件 **generate**
　　　　{同時処理文}
　end generate [ラベル名]**;**

　for-generate文はfor-loop文と異なり，アーキテクチャ文の中に記述する同時処理文になります．した

がって，内部の記述も順番に処理されるのではなく，並列に処理されることになります．また，exit文やnext文を使用することはできません．

　if-generate文は，条件が **TRUE** のときだけ内部の記述を生成するものです．if文と異なりelse項はありません．

　for-generate文は，3.3節で紹介したように繰り返し使用するコンポーネントを表現するのに便利です．

　また，for-generate文とif-generate文を組み合わせることでビット長可変のエンティティを作成することもできます．リスト8.15は，ビット長可変のアダーの記述です．この記述では，1ビットのアダー **ADD1** と4ビットのアダー **ADD4** があると仮定しています．この二つのコンポーネントを入力のビット長に応じて組み合わせて，3ビットなら **ADD1** を3個，9ビットなら **ADD4** を2個と **ADD1** を1個生成します．

〈リスト8.15〉ビット長可変のアダーの記述

```vhdl
library IEEE;
use IEEE.std_logic_1164.all;
use IEEE.std_logic_arith.all;
entity addmulti is
    generic( K : integer);
    port( IN1,IN2 : in std_logic_vector(K-1 downto 0);
          CIN : in std_logic;
          CO  : out std_logic;
          S   : out std_logic_vector(K-1 downto 0));
end addmulti;
architecture RTL of addmulti is
    component   ADD
        port( IN1,IN2,CIN : in std_logic;
              S,CO : out std_logic);
    end component;
    component   ADD4
        port( IN1,IN2 : in std_logic_vector(3 downto 0);
              CIN : in std_logic;
              S   : out std_logic_vector(3 downto 0);
              CO  : out std_logic);
    end component;
signal CARRY : std_logic_vector(K downto 0);
begin
    CARRY(0) <= CIN;
    CO <= CARRY(K);
    IFGEN_1:  if(K>3) generate
        IFGEN_2:  if((K mod 4) /= 0) generate
            FORGEN_1: for I in 4*integer(K/4) to K-1 generate
                T : ADD port map(IN1(I),IN2(I),CARRY(I),S(I),CARRY(I+1));
            end generate;
        end generate;
        FORGEN_2: for I in 0 to integer(K/4) - 1 generate
            M : ADD4 port map(IN1(I*4+3 downto I*4),IN2(I*4+3 downto I*4),
                              CARRY(I*4),S(I*4+3 downto I*4),CARRY(I*4+4));
        end generate;
    end generate;
    IFGEN_3: if(K<4) generate
        FORGEN_3: for I in 0 to K-1 generate
            T : ADD port map(IN1(I),IN2(I),CARRY(I),S(I),CARRY(I+1));
        end generate;
    end generate;
end RTL;
```

8.7 アトリビュート

● ユーザ定義アトリビュート

5.2節で論理合成に使用可能な定義済みアトリビュートを紹介しました．このほかにも付録B(p.167～p.168)で紹介するアトリビュートがあります．

アトリビュートは，定義済みアトリビュートのほかにユーザ定義することもできます．その場合には，

attribute アトリビュート名 : サブタイプ名 ;

と，まず使用したいアトリビュート名を宣言し，その後にデータ・タイプ，信号，変数，エンティティ，アーキテクチャ，コンフィグレーション，サブプログラム，コンポーネント，ラベルを記述します．

attribute アトリビュート名 **of** オブジェクト名 : オブジェクト・クラス **is** 式 ;

ユーザ定義のアトリビュートの値は，VHDLシミュレーション実行中に変化することはありません．また，論理合成に使用することもできません．ユーザ定義のアトリビュートは，おもにVHDLから論理合成ツールやASICのレイアウト・ツール，タイミング解析ツールにデータを渡すために利用されます．4.5節で紹介したようにユーザ定義のデータ・タイプからロジック回路を生成させる場合や値の割り付けに使用する場合のほかに，論理合成の制約条件などを記述する場合もあります．

```
attribute MAX_AREA : real;
attribute MAX_AREA of FIFO : entity is 150.0;

attribute CAPACITANCE : CAP;
attribute CAPACITANCE of CLK,RESET : signal is 20 pf;
```

8.8 リゾーブ・タイプ

一つの信号に対して複数のドライブを持たせる場合，その信号はリゾーブ(解決)タイプでなければなりません．リゾーブ・タイプは，二つ以上の信号がドライブされたとき，どの値を出力するかを定義するデータ・タイプです．**Integer**, **bit**, **bit_vector**, **Boolean**などのVHDL標準タイプはリゾーブ・タイプではないので，複数のドライブを持たせることはできません．

リゾーブ・タイプは，解決関数によって定義されます．**std_logic**, **std_logic_vector**はパッケージ**std_logic_1164**で，**std_ulogic**の解決関数付きサブタイプとして定義されています．

リスト8.16の①，③が解決関数です．解決関数は，一つの信号に対して複数のドライブがある場合，どの値を出力するかを定義する関数です．

②において**std_logic**は，この関数で定義されている**std_ulogic**のサブタイプとして宣言されています．このため，**std_logic**, **std_logic_vector**には複数のドライバを持たせることができます．

〈リスト8.16〉解決関数の記述例

```
PACKAGE std_logic_1164 IS

    ..............

    TYPE std_ulogic IS ( 'U', 'X', '0', '1', 'Z', 'W', 'L', 'H', '-' );

    TYPE std_ulogic_vector IS ARRAY ( NATURAL RANGE <> ) OF std_ulogic;    ←———— ① 解決関数の宣言

    FUNCTION resolved ( s : std_ulogic_vector ) RETURN std_ulogic;
    SUBTYPE std_logic IS resolved std_ulogic;    ←———————————————— ② std_logicのサブタイプ宣言
    TYPE std_logic_vector IS ARRAY ( NATURAL RANGE <>) OF std_logic;

    ..............

END std_logic_1164;

PACKAGE BODY std_logic_1164 IS

    ..............

    CONSTANT resolution_table :stdlogic_table := (
    --      -------------------------------------------------
    --      |  U    X    0    1    Z    W    L    H    -   ||
    --      -------------------------------------------------
          ( 'U', 'U', 'U', 'U', 'U', 'U', 'U', 'U', 'U' ), -- |U|
          ( 'U', 'X', 'X', 'X', 'X', 'X', 'X', 'X', 'X' ), -- |X|
          ( 'U', 'X', '0', 'X', '0', '0', '0', '0', 'X' ), -- |0|
          ( 'U', 'X', 'X', '1', '1', '1', '1', '1', 'X' ), -- |1|
          ( 'U', 'X', '0', '1', 'Z', 'W', 'L', 'H', 'X' ), -- |Z|
          ( 'U', 'X', '0', '1', 'W', 'W', 'W', 'W', 'X' ), -- |W|
          ( 'U', 'X', '0', '1', 'L', 'W', 'L', 'W', 'X' ), -- |L|
          ( 'U', 'X', '0', '1', 'H', 'W', 'W', 'H', 'X' ), -- |H|
          ( 'U', 'X', 'X', 'X', 'X', 'X', 'X', 'X', 'X' ), -- |-|
        );
    FUNCTION resolved ( s : std_ulogic_vector ) RETURN std_ulogic IS    ←—————— ③ 解決関数の本体
        VARIABLE result : std_ulogic := 'Z';   -- weakest state default
    BEGIN
        IF     (s'LENGTH = 1) THEN  RETURN s(s'LOW);
        ELSE
            FOR i IN s'RANGE LOOP
                result := resolution_table(result, s(i));
            END LOOP;
        END IF;
        RETURN result;
    END resolved;

    ..............

END std_logic_1164;
```

8.9　コンフィグレーション宣言

　コンフィグレーション宣言には，階層間の接続関係や，エンティティとアーキテクチャの結合関係を記述します．コンフィグレーション宣言は省略が可能なので，3.4節で紹介したように，通常は最上位の階層のみに指定します．リスト3.6に示したコンフィグレーション宣言は，アーキテクチャの指定のみで下位階層との接続関係は省略されています．リスト8.17は下位階層との接続関係を記述したものです．

〈リスト8.17〉エンティティ・ベースのコンフィグレーション記述

```
configuration CFG_TEST of TEST_COUNT4EN is

   for SIM1
      for U0: COUNT4EN use entity work.COUNT4EN(RTL);
      end for;
   end for;

end CFG_TEST;
```

〈リスト8.18〉コンフィグレーション・ベースのコンフィグレーション記述

```
configuration CFG_TEST of TEST_COUNT4EN is

   for SIM1
      for U0: COUNT4EN use configuration work.CFG_COUNT4EN;
      end for;
   end for;

end CFG_TEST;
```

この記述のことをエンティティ・ベースのコンフィグレーション記述と言います．
　もし，下位階層 **COUNT4EN** にコンフィグレーション記述が存在する場合は，そのコンフィグレーション宣言を参照するように記述することもできます．このような記述をコンフィグレーション・ベースのコンフィグレーション記述と言います(**リスト8.18**)．
　コンフィグレーション記述で，コンポーネント宣言とエンティティ宣言を結合させる場合，そのエンティティ名やポート名が異なっていてもかまいません．
　リスト8.19の①では，コンポーネント名 **ADD8** と **ADDCLA8** を結合させています．
　③では，コンポーネント宣言のポート名 **IN1**，**IN2** とエンティティのポート名 **A**，**B** を結合させています．コンフィグレーション記述の **port** と **generic** の結合指定は，ポート名，ジェネリック名が異なる場合の結合のみでなく，実際の信号に対しても結合させることができます．②では，**Tpd** に **10ns** という値を結合させています．
　エンティティ・ベースのコンフィグレーション記述は，一つ下の階層だけでなく，そのデザインすべての接続関係を記述することもできます．**リスト8.20**は，2階層下の接続関係まで記述した例です．
　①の **ALL** は，すべてのインスタンスに対する設定になります．②では，インスタンス **U10** の **EXOR** だけ，別のライブラリのセルを使用するように指定しています．③の **others** は残りの **EXOR** のセルすべての指定になります．このようにコンフィグレーション宣言では，エンティティやアーキテクチャの記述をいっさい変更することなく，実際に使用するコンポーネントを自由に変更することができます．

〈リスト8.19〉コンポーネント宣言とエンティティ宣言の結合

```
library IEEE;
use IEEE.std_logic_1164.all;
entity ALU is
   port ( IN1,IN2 : in std_logic_vector(7 downto 0);
          S : out std_logic_vector(7 downto 0));
end ALU;
architecture RTL of ALU is

component ADD8
  port ( IN1,IN2 : in std_logic_vector(7 downto 0);
         S : out std_logic_vector(7 downto 0));
end component;

begin
  U0: ADD8 port map (IN1,IN2,S);
end;

library IEEE;
use IEEE.std_logic_1164.all;
use IEEE.std_logic_unsigned.all;
entity ADDCLA8 is
  generic( Tpd : time := 0 ns);
  port ( A,B : in std_logic_vector(7 downto 0);
         S : out std_logic_vector(7 downto 0));
end;
architecture RTL of ADDCLA8 is
begin
  S <= A + B after Tpd;
end;

configuration CFG_ALU of ALU is

    for RTL
       for U0: ADD8 use entity work.ADDCLA8(RTL)

           generic map(Tpd => 10 ns)
           port map (A=>IN1,B=>IN2,S=>S);

       end for;
    end for;

end CFG_ALU;
```

① ADD8とADDCLA8の結合
② 値の結合
③ コンポーネント宣言のポートとエンティティのポートを結合

〈リスト8.20〉2階層下の接続関係まで記述した例

```
library class;
configuration CFG_TEST of TEST_COUNT4EN is

   for SIM1
      for U0: COUNT4EN use entity work.COUNT4EN(SYN);
         for SYN                         ① すべてのインスタンス指定

            for ALL: ND2     use entity class.ND2(FTBM);
            end for;
                                         ② インスタンス指定
            for U10: EXOR    use entity work.EXOR(FAST);
            end for;                     ③ 残りすべての指定

            for others: EXOR use entity class.EXOR(FTBM);
            end for;

            for ALL: IV      use entity class.IV(FTBM);
            end for;
            for ALL: FD2     use entity class.FD2(FTBM);
            end for;
         end for;
      end for;
   end for;

end CFG_TEST;
```

付録A
文法一覧

（論理合成は，米国Synopsys社 VHDL Compiler 2002.05に基づく）

● alias宣言

機　能	論理合成
すでに存在しているオブジェクトの代替名を宣言する	不可

文法： `alias エイリアス名 : サブタイプ指示子 is オブジェクト名 ;`

宣言可能な場所：architecture宣言部，entity宣言部，process宣言部，
　　　　　　　　package宣言，package body文，subprogram宣言部
alias宣言は，サブタイプ宣言と異なり，名称を変更するのみ．
```
alias BIT1 : std_logic is L_vector(1);
alias AAA  : std_logic_vector(0 to 4) is L_vector(5 downto 1);
```

● architecture宣言

機　能	論理合成
第1章 1.2節	可能

文法： `architecture アーキテクチャ名 of エンティティ名 is`
　　　　　`{宣言文}　　-- 宣言部`
　　　　　`begin`
　　　　　`{同時処理文}　-- 本体`
　　　　　`end [アーキテクチャ名];`

```
宣言文 ::= subprogram宣言 | subprogram本体 | type宣言
         | subtype宣言 | constant宣言 | signal宣言
         | file宣言 | alias宣言 | component宣言
         | attribute宣言 | attribute定義 | use文節
         | configuration定義 | disconnection定義 | shardvariable宣言
         | groupテンプレート宣言 | group宣言
同時処理文 ::= block文 | process文 | 同時処理procedure呼び出し
             | 同時処理assert文 | 同時処理信号代入文
             | generate文 | component_instance文
```

● assert文

機　能	論理合成
第4章 4.7節	無視される

文法： `[ラベル名] assert 条件 [report 出力メッセージ][severity レベル];`

　　　　　レベル ::= **NOTE** | **WARNING** | **ERROR** | **FAILURE**

使用可能な場所：entity本体，architecture本体，process本体，subprogram本体，
　　　　　　　　block本体，if文，case文，loop文

● attribute宣言

機能	論理合成
第7章 8.7節	不可（一部論理合成の属性として使用）

文法： **attribute** 識別子 **:** サブタイプ宣言 **;**

宣言可能な場所：architecture宣言部，entity宣言部，process宣言部，
　　　　　　　　package宣言，subprogram宣言部

● attribute定義

機能	論理合成
第7章 8.7節	不可（一部論理合成の属性として使用）

文法： **attribute** アトリビュート名 **of** オブジェクト名 **:** クラス **is** 式 **;**

　クラス ::= **entity** | **architecture** | **configuration** | **label**
　　　　 | **procedure** | **function** | **package** | **type** | **subtype**
　　　　 | **constant** | **signal** | **variable** | **component**

宣言可能な場所：architecture宣言部，entity宣言部，process宣言部，
　　　　　　　　package宣言，subprogram宣言部，block宣言部

● attribute名称

機能	論理合成
第7章 8.7節	不可（event，stableのみ可）

文法：　実体'アトリビュート名［**(**静的式**)**］

使用可能な場所：信号代入文，同時処理信号代入文，変数代入文，タイプ定義，
　　　　　　　　インターフェース・リスト，式，静的式
静的式とは，信号名，値，数値など文脈によらず判断できる式である．

● block_configuration文

機能	論理合成
第7章 8.9節	不可（architecture選択のみ可）

文法：　　**for** ブロック定義
　　　　　　｛use文節｝
　　　　　　｛**block_configuration**文 | **component_configuration**文｝

```
            end for;
        ブロック定義   ::= architecture名 | blockラベル | generateラベル
```

使用可能な場所：configuration宣言，block_configuration文，component_configuration文

● block文

文法： ラベル名 : block [(ガード式)]

機　能	論理合成
architectureの内部ブロック（ネスト可能）	可能（ガード式は不可）

```
                ブロック・ヘッダ
                    {宣言文}      -- 宣言部
                begin
                    {同時処理文}   -- 本体
                end block [ラベル名];

        ブロック・ヘッダ ::= [generic文 [generic_map文;]]
                            [port文 [port_map文;]]
        宣言文     :   architecture宣言文と同じ
        同時処理文  :   architecture本体と同じ
```

使用可能な場所：architecture本体，block本体
block文は，アーキテクチャ内にサブブロック定義する．
process文と異なり，内部は同時処理される．

● case文

機　能	論理合成
第2章 2.4節	可能

```
文法：      case 式 is
                条件式 {条件式}
            end case;
    条件式 ::= when 選択肢 {| 選択肢} => {順次処理文}
    選択肢 ::= 式 | 不連続範囲 | 名称 | others
```

注：when othersは最後の行に1回のみ使用可能
使用可能な場所：process本体，subprogram本体，if文，case文，loop文

● component_configuration文

機　能	論理合成
第7章 8.9節	不可

文法：   for インスタンス・リスト : コンポーネント名

　　　　　{use文節}
　　　　　{block_configuration文 | component_configuration文}
　　　　end for;

　　　　インスタンス・リスト ::= ラベル名 {,ラベル名} | others | all

使用可能な場所：configuration宣言，block_configuration文，component_configuration文

● component宣言

機　能	論理合成
第1章 1.4節	可能

文法： component コンポーネント名
　　　　　［ジェネリック文］
　　　　　［ポート文］
　　　　end component;

宣言可能な場所：architecture宣言部，package宣言部，block宣言部

● component_instance文

機　能	論理合成
第1章 1.4節	可能

文法： ラベル名： コンポーネント名［generic_map文］［port_map文］;

使用可能な場所：architecture本体，block本体，generate文

● configuration宣言

機　能	論理合成
第7章 8.9節	不可（architecture選択のみ可）

文法： configuration コンフィグレーション名 of エンティティ名 is
　　　　　{use文節 | attribute定義}
　　　　　block_configuration文
　　　　end［コンフィグレーション名］;

● configuration定義

機　能	論理合成
第7章 8.9節	無視される

文法： for インスタンス・リスト : コンポーネント名 use 結合指示子 ;

使用可能な場所：architecture宣言部，block宣言部

158 付録A 文法一覧

● constant 宣言

機　能	論理合成
第4章 4.1節	可能

文法：　`constant` 定数名 {,定数名} : サブタイプ指示子 [:=初期値];

宣言可能な場所：architecture宣言部，entity宣言部，process宣言部，package宣言，
　　　　　　　　package body文，subprogram宣言部，block宣言部

● disconnection 定義

機　能	論理合成
ガード付きドライバの暗黙的切断時間の定義	不可

文法：　`disconnect` ガード信号定義 `after` 切断時間 ;

宣言可能な場所：architecture宣言部，entity宣言部，package宣言，block宣言部
disconnectionは，ガード付き信号（切断可能な信号）が切断される時間を定義する．

● entity 宣言

機　能	論理合成
第1章 1.2節	可能

文法：　`entity` エンティティ名 `is`
　　　　　　[`generic`文;]
　　　　　　[`port`文;]
　　　　　　{宣言文}　　-- 宣言部
　　　　`bigin`
　　　　{アサート文 | パッシブな`procedure`呼び出し | パッシブなプロセス文}
　　　　`end` [エンティティ名];

　　　宣言文　::= `subprogram`宣言 | `subprogram`本体 | `type`宣言
　　　　　　　　| `subtype`宣言 | `constant`宣言 | `signal`宣言
　　　　　　　　| `file`宣言 | `alias`宣言 | `attribute`宣言
　　　　　　　　| `attribute`定義 | `use`文 | `configuration`定義文
　　　　　　　　| `disconnection`定義 | `sharedvariable`宣言
　　　　　　　　| `group`テンプレート宣言 | `group`宣言

● file 宣言

機　能	論理合成
第7章 7.3節	不可

文法：　`file` ファイル変数 : サブタイプ指示子 `is` 方向 "ファイル名";
　　　　方向 ::= `in` | `out`

宣言可能な場所：architecture宣言部，entity宣言部，process宣言部，package宣言，
　　　　　　　package body文，subprogram宣言部，block宣言部

● generate文

機　能	論理合成
第7章 8.6節	可能

文法：　ラベル名 : for ジェネレート変数 in 不連続範囲 generate
　　　　　｛同時処理文｝
　　　　end generate [ラベル名];

　　　　ラベル名 : if 条件 generate
　　　　　｛同時処理文｝
　　　　end generate [ラベル名];

使用可能な場所：architecture本体，block本体，generate文

● generic文

機　能	論理合成
第4章 4.7節	データ・タイプintegerの場合のみ可能

文法：generic(ポート名 ｛,ポート名｝ : [in] サブタイプ指示子 [:=初期値]
　　　　　　｛;ポート名 ｛,ポート名｝ : [in] サブタイプ指示子 [:=初期値]｝)

使用可能な場所：entity宣言部，block宣言部

● generic map文

機　能	論理合成
第4章 4.7節	データ・タイプintegerの場合のみ可能

文法：　generic map ([フォーマル=>] 実体 ｛,[フォーマル=>] 実体｝)
　　　　フォーマル ::= ポート名｜タイプ変換関数名 (ポート名)
　　　　実体 ::= 式｜signal名｜open｜タイプ変換関数名 (実体)

使用可能な場所：component_instance文，block宣言部，configuration結合指示子

● groupテンプレート宣言

機　能	論理合成
クラスのテンプレート・グループ宣言	不可

文法：　group 識別子 is (クラス｛,クラス｝)
　　　　クラスは，attribute定義と同じ

宣言可能な場所：architecture宣言部，entity宣言部，package宣言，package本体，block宣言部，process宣言部，subprogram本体の宣言部

● group 宣言

機　能	論理合成
クラスのグループ宣言	不可

文法：　**group 識別子 : group テンプレート名 (名前 {,名前})**

宣言可能な場所：architecture宣言部，entity宣言部，package宣言，package本体，block宣言部，process宣言部，subprogram本体の宣言部

● if 文

機　能	論理合成
第2章 2.2節	可能

文法：　**if 条件 then {順次処理文}**
　　　　{elsif 条件 then {順次処理文}}
　　　　[else {順次処理文}] end if;

使用可能な場所：process文，subprogram本体，if文，case文，loop文

● library 宣言

機　能	論理合成
第4章 4.5節	可能

文法：　**library ライブラリ名 {,ライブラリ名};**

● loop 文

機　能	論理合成
第2章 2.5節	可能

文法：［ラベル：］［繰り返し指定］**loop**
　　　　　　{順次処理文}
　　　　end loop ［ラベル］；
　　　　繰り返し指定 ::= **for** ループ変数 **in** 不連続範囲
　　　　　　　　　　　| **while** 条件
loop文内部では **next** ［ラベル］［**when** 条件］; : 現行回をスキップ
　　　　　　　　exit ［ラベル］［**when** 条件］; : ループの外に抜ける　が使用可能

使用可能な場所：process文，subprogram本体，if文，case文，loop文

● package 宣言

機　能	論理合成
第4章 4.5節	可能

文法：　**package** パッケージ名 **is**
　　　　　　｛宣言文｝
　　　　　end ［パッケージ名］；

　　　　宣言文　::= **subprogram**宣言｜**type**宣言｜**subtype**宣言
　　　　　　　　　　｜**constant**宣言｜**signal**宣言｜**file**宣言
　　　　　　　　　　｜**alias**宣言｜**component**宣言｜**attribute**宣言
　　　　　　　　　　｜**attribute**定義｜**use**文｜**disconnection**定義
　　　　　　　　　　｜**sharedvariable**宣言｜**group**テンプレート宣言｜**group**宣言

● package_body 文

機　能	論理合成
第5章 5.1節	可能

文法：　**package body** パッケージ名 **is**
　　　　　　｛宣言文｝
　　　　　end ［パッケージ名］；

　　　　宣言文　::= **subprogram**宣言｜**type**宣言｜**subtype**宣言
　　　　　　　　　　｜**constant**宣言｜**file**宣言｜**alias**宣言｜**use**文
　　　　　　　　　　｜**sharedvariable**宣言｜**group**テンプレート宣言｜**group**宣言

● port 文

機　能	論理合成
第1章 1.2節	可能

文法：**port** (ポート名 ｛,ポート名｝ :［方向］サブタイプ指示子 ［**bus**］［:= 初期値］
　　　　｛;ポート名 ｛,ポート名｝ :［方向］サブタイプ指示子 ［**bus**］［:= 初期値］｝)

　　　方向　::= **in**｜**out**｜**inout**｜**buffer**｜**linkage**

使用可能な場所：entity宣言部，block宣言部

● port map 文

機　能	論理合成
第1章 1.4節	可能

文法：　**port map** (［フォーマル=>］実体 ｛,［フォーマル=>］実体｝)
　　　　フォーマル　::= ポート名｜タイプ変換関数名 (ポート名)
　　　　実体　::= 式｜**signal**名｜**open**｜タイプ変換関数名 (実体)

使用可能な場所：component_instance文，block宣言部，configuration結合指示子

● process文

機　能	論理合成
第2章 2.1節	可能

文法：［ラベル名］ process ［(センシティビティ・リスト)］
　　　　　　　｛宣言文｝　　　　-- 宣言部
　　　　　　begin
　　　　　　　｛順次処理文｝　　-- 本体
　　　　　　end process ［ラベル名］；

　　宣言文　::= subprogram宣言 | subprogram本体 | type宣言
　　　　　　　| subtype宣言 | constant宣言 | variable宣言
　　　　　　　| file宣言 | alias宣言 | attribute宣言
　　　　　　　| attribute定義 | use文 | groupテンプレート宣言 | group宣言
　　順次処理文　::= wait文 | procedure呼び出し | assert文
　　　　　　　　| 信号代入文 | 変数代入文 | if文 | case文
　　　　　　　　| loop文 | null文

使用可能な場所：architecture本体，block本体，generate文

● procedure呼び出し

機　能	論理合成
第5章 5.6節	可能

文法：　プロシージャ名［(インターフェース・リスト)］

同時処理procedure呼び出しは，ラベルを付けることが可能

使用可能な場所：architecture本体，block文本体，process文本体，subprogram本体

● signal宣言

機　能	論理合成
第4章 4.1節	可能

文法：signal 信号名 ｛,信号名｝ : サブタイプ指示子 ［register | bus］［:=初期値］；

　　register, bus を指定するとガード付き信号となる(切断可能な信号).
　　register は切断されたとき値を保持する. bus は保持しない.
　　ガード付き信号は予約語 null を代入するか，ガード式によって切断される.

宣言可能な場所：architecture宣言部，entity宣言部，package宣言

● subprogram宣言

機　能	論理合成
第5章 5.1節	可能

文法：**procedure** プロシージャ名［**(**入出力パラメータ・リスト**)**］；
　　｜**function** ファンクション名［**(**入出力パラメータ・リスト**)**］**return** データ・タイプ名；

入出力パラメータ　::=　［**signal** ｜ **variable** ｜ **constant**］ポート名 ｛,ポート名｝
　　　　　　　　　　：［方向］サブタイプ指示子［**bus**］［**:=** 初期値］；

宣言可能な場所：architecture宣言部，entity宣言部，process宣言部，package宣言，
　　　　　　　　package body文，subprogram宣言部，block宣言部

● subprogram本体

機　能	論理合成
第5章 5.1節	可能

文法：　サブプログラム定義 **is**
　　　　　｛宣言文｝
　　　　begin
　　　　　｛順次処理文｝
　　　　end［サブプログラム名］；

宣言可能な場所：architecture宣言部，entity宣言部，process宣言部，package宣言，package body文，
　　　　　　　　subprogram宣言部，block宣言部

● type宣言

機　能	論理合成
第4章 4.2節	一部不可

文法：　不完全タイプ宣言　｜　完全タイプ宣言

宣言可能な場所：architecture宣言部，entity宣言部，process宣言部，package宣言，
　　　　　　　　package body文，subprogram宣言部

不完全タイプ宣言　::=　**type** データ・タイプ名 ｛,データ・タイプ名｝；
　　　　　　　　　　　　　　　➡　他の宣言に利用するための仮タイプ　論理合成不可

完全タイプ宣言　::=　**type** データ・タイプ名 ｛,データ・タイプ名｝ タイプ定義；
タイプ定義　::=　　スカラ・タイプ定義｜複合タイプ定義
　　　　　　　　　｜アクセス・タイプ定義｜ファイル・タイプ定義

スカラ・タイプ定義　::=　列挙型タイプ定義｜integerタイプ定義
　　　　　　　　　　　　｜floatingタイプ定義｜物理タイプ定義

列挙型タイプ定義　::=　(要素 |,要素|)　　　　　　　　　　➡　第4章 4.3節　　論理合成可能

integerタイプ定義，floatingタイプ定義
　　::=　range [単純式 [to｜downto] 単純式｜アトリビュート名]；
　　　　　　　　　　　　　　　　　　　　　　　　　　　　　➡　第4章 4.2節　　論理合成可能

物理タイプ定義　::=　[range [単純式 [to｜downto] 単純式｜アトリビュート名]]
　　　　　　　　　units 基本ユニット
　　　　　　　　　　　|ユニット|
　　　　　　　　　end units
　　　　　　　　　　　　　　　　　　　　　　　　　　　　　➡　第4章 4.2節　　論理合成不可

複合タイプ定義　::=　配列タイプ｜レコード・タイプ

配列タイプ　::=　array (範囲｜range<> |,範囲｜range<>|) of サブ・タイプ指示子
　　　　　　　　　　　　　　　　　　　　　　　➡　第4章 4.6節　1次元のみ論理合成可能

レコード・タイプ　::=　record 要素 |,要素| end record
　　　　　　　➡　第4章 4.10節　論理合成可能（レコード・タイプを要素にはできない）

アクセス定義　::=　access サブタイプ指示子
　　　　　　　➡　オブジェクトを指し示すタイプ（C言語のポインタに類似）　論理合成不可

ファイル定義　::=　file of サブタイプ指示子
　　　　　　　➡　ファイルが読み書きできるデータ・タイプを指定する　　論理合成不可

● use文節

機　能	論理合成
可視となりうる宣言を直接可視にする	可能

文法：　use |セレクト名 |,セレクト名||；
　　セレクト名　::=　実体 |.実体|

使用可能な場所：design_unit，configuration宣言，architecture宣言部，block宣言部，
　　　　　　　　block_configuration文，component_configuration文

● variable 宣言

機　能	論理合成
第4章 4.1節	可能（sharedvariable は不可）

文法：［**shared**］**variable** 変数 ｛,変数｝ ： サブタイプ指示子 ［**:=** 初期値］；

宣言可能な場所： process 宣言部，subprogram 本体の宣言部
（sharedvariable）：architecture 宣言部，package 宣言，package 本体

● wait 文

機　能	論理合成
第3章 3.4節	until のみ可能，その他は無視される

文法： **wait**［**on** 信号名 ｛,信号名｝］［**until** 条件］［**for** 時間式］；

使用可能な場所：process 文，procedure 本体，if 文，case 文，loop 文

● 同時処理信号代入文

機　能	論理合成
第7章 8.6節	可能（guarded は不可，transport は無視される）

文法：［ラベル名 :］条件付き信号代入文｜［ラベル名:］選択信号代入文

　条件付き信号代入文 ::= ターゲット <= ［**guarded**］［**transport**］条件付き波形 ;

　条件付き波形 ::= ｛波形 **when** 条件 **else**｝波形

　選択信号代入文 ::= **with** 式 **select** ターゲット <= ［**guarded**］［**transport**］選択波形 ;

　選択波形 ::= ｛波形 **when** 選択肢,｝波形 **when** 選択肢

使用可能な場所：architecture 本体，block 本体，generate 文

● 信号代入文

機　能	論理合成
第1章 1.2節	可能（transport は無視される）

文法： ターゲット <= ［**transport**］波形 ;

使用可能な場所：process 文，subprogram 本体，if 文，case 文，loop 文

● 波形

機　能	論理合成
第1章 1.2節	可能（after, null は無視される）

文法： 波形 ::= 式 [after 時間式] | null [after 時間式]
                {, 式 [after 時間式] | null [after 時間式]}

null を代入すると，ガード付き信号を切断する．

付録B
定義済みアトリビュート一覧

● 配列になっているオブジェクト（信号，変数，定数）に付加されているアトリビュート
Nは，2次元以上の配列で何番目かを表す．

```
A'left [(N)]            左の限界値
A'right [(N)]           右の限界値
A'high [(N)]            上限値
A'low [(N)]             下限値
A'range [(N)]           範囲
A'reverse_range [(N)]   範囲の逆
A'length [(N)]          範囲の数
```

例：`signal A : std_logic_vector(7 downto 0 );`
　　`signal B : std_logic_vector(0 to 8);`
　　`type C is array(0 to 5,0 to 8) of std_logic;`

```
A'left    ➡ 7  B'left   ➡ 0
A'right   ➡ 0  B'right  ➡ 8  C'right(2) ➡ 8
A'high    ➡ 7  B'high   ➡ 8  C'high(1)  ➡ 5
A'range   ➡ 7 downto 0  A'reverse_range ➡ 0 to 7
A'length  ➡ 8  B'length ➡ 9
```

● データ・タイプに付加されているアトリビュート

`T'base`	Tの基本タイプ，他のアトリビュートと併用する場合のみ使用できる． 例：`T'base'left`
`T'left`	左の限界値
`T'right`	右の限界値
`T'high`	上限値
`T'low`	下限値
`T'POS(X)`	パラメータ(X)の位置番号
`T'VAL(X)`	Xの位置の値
`T'SUCC(X)`	Xの位置番号より一つ大きい位置の値
`T'PRED(X)`	Xの位置番号より一つ小さい位置の値
`T'LEFTOF(X)`	Xより一つ左の位置の値
`T'RIGHTOF(X)`	Xより一つ右の位置の値

例：`type std_logic is ('U','X','0','1','Z','W','L','H','-');`
　　`subtype bar is std_logic;`

`bar'base'left`	➡ `'U'`	`integer'low`	➡ -2147483648
`std_logic'left`	➡ `'U'`	`integer'right`	➡ 2147483647
`std_logic'right`	➡ `'-'`		
`std_logic'low`	➡ `'U'`		
`std_logic'POS('Z')`	➡ 4		
`std_logic'SUCC('Z')`	➡ `'W'`		
`std_logic'PRED('Z')`	➡ `'1'`		

● 信号に付加されているアトリビュート

`S'DELAYED [(T)]`	T時間だけ遅らせた値
`S'EVENT`	Sにイベントが発生したかどうかを示す値（発生 = **TRUE**）
`S'LAST_EVENT`	最後のイベントが発生してからの経過時間
`S'LAST_VALUE`	最後のイベントが発生する前の値
`S'STABLE [(T)]`	T時間内にイベントが発生したかどうかを示す値（発生 = "**FALSE**"）
`S'QUIET [(T)]`	T時間内に信号値が静止していたかどうかを示す値（静止 = "**TRUE**"）
`S'ACTIVE`	Sがアクティブ状態であるかどうかを示す値（アクティブ = "**TRUE**"）
`S'LAST_EVENT`	（最後にアクティブだったときからの経過時間）
`S'TRANSACTION`	Sがアクティブになるごとに0と1を交互に繰り返す値

● ブロック，エンティティに付加されているアトリビュート

`B'BEHAVIOR`	コンポーネント・インスタンス文が含まれているかどうかを示す値（含む = "**TRUE**"）
`B'STRUCTURE`	その中のすべてのプロセス文，同時処理文がパッシブ（他に影響を及ぼさない不活性なもの）であるかどうかを示す値（パッシブ = "**TRUE**"）

付録 C
VHDL パッケージ・ファイル

● std_logic_1164（出典：std_logic_1164：Draft Standard Version 4.2）

```
-- -----------------------------------------------------------------
--     Title      : std_logic_1164 multi-value logic system
--     Library    : This package shall be compiled into a library
--                : symbolically named IEEE.
--                :
--     Developers : IEEE model standards group (par 1164)
--     Purpose    : This packages defines a standard for designers
--                : to use in describing the interconnection data types
--                : used in vhdl modeling.
--                :
--     Limitation : The logic system defined in this package may
--                : be insufficient for modeling switched transistors,
--                : since such a requirement is out of the scope of this
--                : effort. Furthermore, mathematics, primitives,
--                : timing standards, etc. are considered orthogonal
--                : issues as it relates to this package and are therefore
--                : beyond the scope of this effort.
--                :
--     Note       : No declarations or definitions shall be included in,
--                : or excluded from this package. The "package declaration"
--                : defines the types, subtypes and declarations of
--                : std_logic_1164. The std_logic_1164 package body shall be
--                : considered the formal definition of the semantics of
--                : this package. Tool developers may choose to implement
--                : the package body in the most efficient manner available
--                : to them.
--                :
-- -----------------------------------------------------------------
-- modification history :
-- -----------------------------------------------------------------
--   version  |  mod. date: |
--    v4.200  |   01/02/92  |
-- -----------------------------------------------------------------
```

```vhdl
PACKAGE std_logic_1164 IS
    ---------------------------------------------------------------------
    -- logic state system (unresolved)
    ---------------------------------------------------------------------
    TYPE std_ulogic IS ( 'U',  -- Uninitialized
                         'X',  -- Forcing Unknown
                         '0',  -- Forcing 0
                         '1',  -- Forcing 1
                         'Z',  -- High Impedance
                         'W',  -- Weak    Unknown
                         'L',  -- Weak    0
                         'H',  -- Weak    1
                         '-'   -- Don't care
                       );
    ---------------------------------------------------------------------
    -- unconstrained array of std_ulogic for use with the resolution function
    ---------------------------------------------------------------------
    TYPE std_ulogic_vector IS ARRAY ( NATURAL RANGE <> ) OF std_ulogic;
    ---------------------------------------------------------------------
    -- resolution function
    ---------------------------------------------------------------------
    FUNCTION resolved ( s :  std_ulogic_vector ) RETURN std_ulogic;
    ---------------------------------------------------------------------
    --*** industry standard logic type ***
    ---------------------------------------------------------------------
    SUBTYPE   std_logic IS resolved std_ulogic;
    ---------------------------------------------------------------------
    -- unconstrained array of std_logic for use in declaring signal arrays
    ---------------------------------------------------------------------
    TYPE std_logic_vector IS ARRAY ( NATURAL RANGE <> ) OF std_logic;
    ---------------------------------------------------------------------
    -- common subtypes
    ---------------------------------------------------------------------
    SUBTYPE X01    IS resolved std_ulogic RANGE 'X' TO '1';--('X','0','1')
    SUBTYPE X01Z   IS resolved std_ulogic RANGE 'X' TO 'Z';--('X','0','1','Z')
    SUBTYPE UX01   IS resolved std_ulogic RANGE 'U' TO '1';--('U','X','0','1')
    SUBTYPE UX01Z  IS resolved std_ulogic RANGE 'U' TO 'Z';--('U','X','0','1','Z')
```

-- overloaded logical operators

    FUNCTION "and" (l : std_ulogic; r : std_ulogic) RETURN UX01;
    FUNCTION "nand" (l : std_ulogic; r : std_ulogic) RETURN UX01;
    FUNCTION "or"   (l : std_ulogic; r : std_ulogic) RETURN UX01;
    FUNCTION "nor" (l : std_ulogic; r : std_ulogic) RETURN UX01;
    FUNCTION "xor" (l : std_ulogic; r : std_ulogic) RETURN UX01;
-- function "xnor" (l : std_ulogic; r : std_ulogic) return ux01;
    FUNCTION "not" (l : std_ulogic   ) RETURN UX01;

-- vectorized overloaded logical operators

    FUNCTION "and" (l, r : std_logic_vector) RETURN std_logic_vector;
    FUNCTION "and" (l, r : std_ulogic_vector) RETURN std_ulogic_vector;
    FUNCTION "nand" (l, r : std_logic_vector) RETURN std_logic_vector;
    FUNCTION "nand" (l, r : std_ulogic_vector) RETURN std_ulogic_vector;
    FUNCTION "or"   (l, r : std_logic_vector) RETURN std_logic_vector;
    FUNCTION "or"   (l, r : std_ulogic_vector) RETURN std_ulogic_vector;
    FUNCTION "nor" (l, r : std_logic_vector) RETURN std_logic_vector;
    FUNCTION "nor" (l, r : std_ulogic_vector) RETURN std_ulogic_vector;
    FUNCTION "xor" (l, r : std_logic_vector) RETURN std_logic_vector;
    FUNCTION "xor" (l, r : std_ulogic_vector) RETURN std_ulogic_vector;

-- --
-- Note : The declaration and implementation of the "xnor" function is
-- specifically commented until at which time the VHDL language has been
-- officially adopted as containing such a function. At such a point,
-- the following comments may be removed along with this notice without
-- further "official" ballotting of this std_logic_1164 package. It is
-- the intent of this effort to provide such a function once it becomes
-- available in the VHDL standard.
-- --
-- function "xnor" (l, r : std_logic_vector) return std_logic_vector;
-- function "xnor" (l, r : std_ulogic_vector) return std_ulogic_vector;
    FUNCTION "not" (l : std_logic_vector) RETURN std_logic_vector;
    FUNCTION "not" (l : std_ulogic_vector) RETURN std_ulogic_vector;

```
    -------------------------------------------------------------------
    -- conversion functions
    -------------------------------------------------------------------
    FUNCTION To_bit         ( s : std_ulogic; xmap : BIT :='0') RETURN BIT;
    FUNCTION To_bitvector ( s : std_logic_vector; xmap : BIT :='0') RETURN BIT_
VECTOR;
    FUNCTION To_bitvector ( s : std_ulogic_vector; xmap : BIT :='0') RETURN BIT_
VECTOR;
    FUNCTION To_StdULogic       ( b : BIT           ) RETURN std_ulogic;
    FUNCTION To_StdLogicVector ( b : BIT_VECTOR ) RETURN std_logic_vector;
    FUNCTION To_StdLogicVector ( s : std_ulogic_vector) RETURN std_logic_vector;
    FUNCTION To_StdULogicVector( b : BIT_VECTOR ) RETURN std_ulogic_vector;
    FUNCTION To_StdULogicVector( s : std_logic_vector) RETURN std_ulogic_vector;

    -------------------------------------------------------------------
    -- strength strippers and type convertors
    -------------------------------------------------------------------
    FUNCTION To_X01  ( s : std_logic_vector  ) RETURN std_logic_vector;
    FUNCTION To_X01  ( s : std_ulogic_vector ) RETURN std_ulogic_vector;
    FUNCTION To_X01  ( s : std_ulogic        ) RETURN X01;
    FUNCTION To_X01  ( b : BIT_VECTOR        ) RETURN std_logic_vector;
    FUNCTION To_X01  ( b : BIT_VECTOR        ) RETURN std_ulogic_vector;
    FUNCTION To_X01  ( b : BIT               ) RETURN X01;
    FUNCTION To_X01Z ( s : std_logic_vector  ) RETURN std_logic_vector;
    FUNCTION To_X01Z ( s : std_ulogic_vector ) RETURN std_ulogic_vector;
    FUNCTION To_X01Z ( s : std_ulogic        ) RETURN X01Z;
    FUNCTION To_X01Z ( b : BIT_VECTOR        ) RETURN std_logic_vector;
    FUNCTION To_X01Z ( b : BIT_VECTOR        ) RETURN std_ulogic_vector;
    FUNCTION To_X01Z ( b : BIT               ) RETURN X01Z;
    FUNCTION To_UX01 ( s : std_logic_vector  ) RETURN std_logic_vector;
    FUNCTION To_UX01 ( s : std_ulogic_vector ) RETURN std_ulogic_vector;
    FUNCTION To_UX01 ( s : std_ulogic        ) RETURN UX01;
    FUNCTION To_UX01 ( b : BIT_VECTOR        ) RETURN std_logic_vector;
    FUNCTION To_UX01 ( b : BIT_VECTOR        ) RETURN std_ulogic_vector;
    FUNCTION To_UX01 ( b : BIT               ) RETURN UX01;
    -------------------------------------------------------------------
    -- edge detection
    -------------------------------------------------------------------
    FUNCTION rising_edge  (SIGNAL s : std_ulogic) RETURN BOOLEAN;
    FUNCTION falling_edge (SIGNAL s : std_ulogic) RETURN BOOLEAN;
```

```vhdl
    -------------------------------------------------------------------
    -- object contains an unknown
    -------------------------------------------------------------------
    FUNCTION Is_X ( s : std_ulogic_vector ) RETURN BOOLEAN;
    FUNCTION Is_X ( s : std_logic_vector  ) RETURN BOOLEAN;
    FUNCTION Is_X ( s : std_ulogic        ) RETURN BOOLEAN;

END std_logic_1164;

PACKAGE BODY std_logic_1164 IS
    -------------------------------------------------------------------
    -- local types
    -------------------------------------------------------------------
    TYPE stdlogic_1d IS ARRAY (std_ulogic) OF std_ulogic;
    TYPE stdlogic_table IS ARRAY(std_ulogic, std_ulogic) OF std_ulogic;
    -------------------------------------------------------------------
    -- resolution function
    -------------------------------------------------------------------
    CONSTANT resolution_table : stdlogic_table := (
    --      -------------------------------------------------------------
    --       |  U    X    0    1    Z    W    L    H    -    |      |
    --      -------------------------------------------------------------
            ( 'U', 'U', 'U', 'U', 'U', 'U', 'U', 'U', 'U' ), --  | U |
            ( 'U', 'X', 'X', 'X', 'X', 'X', 'X', 'X', 'X' ), --  | X |
            ( 'U', 'X', '0', 'X', '0', '0', '0', '0', 'X' ), --  | 0 |
            ( 'U', 'X', 'X', '1', '1', '1', '1', '1', 'X' ), --  | 1 |
            ( 'U', 'X', '0', '1', 'Z', 'W', 'L', 'H', 'X' ), --  | Z |
            ( 'U', 'X', '0', '1', 'W', 'W', 'W', 'W', 'X' ), --  | W |
            ( 'U', 'X', '0', '1', 'L', 'W', 'L', 'W', 'X' ), --  | L |
            ( 'U', 'X', '0', '1', 'H', 'W', 'W', 'H', 'X' ), --  | H |
            ( 'U', 'X', 'X', 'X', 'X', 'X', 'X', 'X', 'X' ), --  | - |
    );

    FUNCTION  resolved ( s : std_ulogic_vector  ) RETURN std_ulogic IS
        VARIABLE result : std_ulogic := 'Z';  -- weakest state default
    BEGIN
        -- the test for a single driver is essential otherwise the
        -- loop would return 'X' for a single driver of '-' and that
        -- would conflict with the value of a single driver unresolved
        -- signal.
```

```vhdl
        IF    (s'LENGTH = 1) THEN    RETURN s(s'LOW);
        ELSE
            FOR i IN s'RANGE LOOP
                result := resolution_table(result, s(i));
            END LOOP;
        END IF;
        RETURN result;
END resolved;
-------------------------------------------------------------------
-- tables for logical operations
-------------------------------------------------------------------
-- truth table for "and" function
CONSTANT and_table : stdlogic_table := (
--          -------------------------------------------------
--          |  U    X    0    1    Z    W    L    H    -   |   |
--          -------------------------------------------------
          ( 'U', 'U', '0', 'U', 'U', 'U', '0', 'U', 'U' ), -- | U |
          ( 'U', 'X', '0', 'X', 'X', 'X', '0', 'X', 'X' ), -- | X |
          ( '0', '0', '0', '0', '0', '0', '0', '0', '0' ), -- | 0 |
          ( 'U', 'X', '0', '1', 'X', 'X', '0', '1', 'X' ), -- | 1 |
          ( 'U', 'X', '0', 'X', 'X', 'X', '0', 'X', 'X' ), -- | Z |
          ( 'U', 'X', '0', 'X', 'X', 'X', '0', 'X', 'X' ), -- | W |
          ( '0', '0', '0', '0', '0', '0', '0', '0', '0' ), -- | L |
          ( 'U', 'X', '0', '1', 'X', 'X', '0', '1', 'X' ), -- | H |
          ( 'U', 'X', '0', 'X', 'X', 'X', '0', 'X', 'X' )  -- | - |
);
-- truth table for "or" function
CONSTANT or_table : stdlogic_table := (
--          -------------------------------------------------
--          |  U    X    0    1    Z    W    L    H    -   |   |
--          -------------------------------------------------
          ( 'U', 'U', 'U', '1', 'U', 'U', 'U', '1', 'U' ), -- | U |
          ( 'U', 'X', 'X', '1', 'X', 'X', 'X', '1', 'X' ), -- | X |
          ( 'U', 'X', '0', '1', 'X', 'X', '0', '1', 'X' ), -- | 0 |
          ( '1', '1', '1', '1', '1', '1', '1', '1', '1' ), -- | 1 |
          ( 'U', 'X', 'X', '1', 'X', 'X', 'X', '1', 'X' ), -- | Z |
          ( 'U', 'X', 'X', '1', 'X', 'X', 'X', '1', 'X' ), -- | W |
          ( 'U', 'X', '0', '1', 'X', 'X', '0', '1', 'X' ), -- | L |
          ( '1', '1', '1', '1', '1', '1', '1', '1', '1' ), -- | H |
          ( 'U', 'X', 'X', '1', 'X', 'X', 'X', '1', 'X' ), -- | - |
```

);
-- truth table for "xor" function
CONSTANT xor_table : stdlogic_table := (
--   ---
-- | U   X   0   1   Z   W   L   H   - | |
--   ---
        ('U', 'U', 'U', 'U', 'U', 'U', 'U', 'U', 'U'), -- | U |
        ('U', 'X', 'X', 'X', 'X', 'X', 'X', 'X', 'X'), -- | X |
        ('U', 'X', '0', '1', 'X', 'X', '0', '1', 'X'), -- | 0 |
        ('U', 'X', '1', '0', 'X', 'X', '1', '0', 'X'), -- | 1 |
        ('U', 'X', 'X', 'X', 'X', 'X', 'X', 'X', 'X'), -- | Z |
        ('U', 'X', 'X', 'X', 'X', 'X', 'X', 'X', 'X'), -- | W |
        ('U', 'X', '0', '1', 'X', 'X', '0', '1', 'X'), -- | L |
        ('U', 'X', '1', '0', 'X', 'X', '1', '0', 'X'), -- | H |
        ('U', 'X', 'X', 'X', 'X', 'X', 'X', 'X', 'X'), -- | - |
);
-- truth table for "not" function
CONSTANT not_table: stdlogic_1d :=
--   --
-- | U   X   0   1   Z   W   L   H   - |
--   --
        ('U','X','1','0','X','X','1','0','X');

-- overloaded logical operators (with optimizing hints)

FUNCTION "and" (l : std_ulogic; r : std_ulogic) RETURN UX01 IS
BEGIN
    RETURN (and_table(l, r));
END "and";
FUNCTION "nand" (l : std_ulogic; r : std_ulogic) RETURN UX01 IS
BEGIN
    RETURN (not_table (and_table(l, r)));
END "nand"
FUNCTION "or" (l : std_ulogic; r : std_ulogic) RETURN UX01 IS
BEGIN
    RETURN (or_table (l, r));
END "or";
FUNCTION "nor" (l : std_ulogic; r : std_ulogic) RETURN UX01 IS
BEGIN
    RETURN (not_table (or_table (l, r)));

```vhdl
    END "nor";
    FUNCTION "xor" ( l : std_ulogic; r : std_ulogic ) RETURN UX01 IS
    BEGIN
        RETURN (xor_table (l, r));
    END "xor";
-- function "xnor" ( l : std_ulogic; r : std_ulogic ) return ux01 is
-- begin
--     return not_table(xor_table(l, r);
-- end "xnor";
    FUNCTION "not" ( l : std_ulogic ) RETURN UX01 IS
    BEGIN
        RETURN(not_table(l));
    END "not";
    -------------------------------------------------------------------------
    -- and
    -------------------------------------------------------------------------
    FUNCTION "and" ( l,r : std_logic_vector ) RETURN std_logic_vector IS
        ALIAS lv : std_logic_vector ( 1 TO l'LENGTH ) IS l;
        ALIAS rv : std_logic_vector ( 1 TO r'LENGTH ) IS r;
        VARIABLE result : std_logic_vector ( 1 TO l'LENGTH );
    BEGIN
        IF ( l'LENGTH /= r'LENGTH ) THEN
            ASSERT FALSE
      REPORT "arguments of overloaded 'and' operator are not of the same length"
            SEVERITY FAILURE;
        ELSE
            FOR i IN result'RANGE LOOP
                result(i) := and_table (lv(i), rv(i));
            END LOOP;
        END IF;
        RETURN result;
    END "and";
    -------------------------------------------------------------------------
    FUNCTION "and" ( l,r : std_ulogic_vector ) RETURN std_ulogic_vector IS
        ALIAS lv : std_ulogic_vector ( 1 TO l'LENGTH ) IS l;
        ALIAS rv : std_ulogic_vector ( 1 TO r'LENGTH ) IS r;
        VARIABLE result : std_ulogic_vector ( 1 TO l'LENGTH );
    BEGIN
        IF ( l'LENGTH /= r'LENGTH ) THEN
            ASSERT FALSE
```

```vhdl
        REPORT "arguments of overloaded 'and' operator are not of the same length"
            SEVERITY FAILURE;
        ELSE
            FOR i IN result'RANGE LOOP
                result(i) := and_table (lv(i), rv(i));
            END LOOP;
        END IF;
        RETURN result;
    END "and" ;
    -------------------------------------------------------------------------
    -- nand
    -------------------------------------------------------------------------
    FUNCTION "nand"  ( l,r : std_logic_vector ) RETURN std_logic_vector IS
        ALIAS lv : std_logic_vector ( 1 TO l'LENGTH ) IS l;
        ALIAS rv : std_logic_vector ( 1 TO r'LENGTH ) IS r;
        VARIABLE result : std_logic_vector ( 1 TO l'LENGTH );
    BEGIN
        IF ( l'LENGTH /= r'LENGTH ) THEN
            ASSERT FALSE
     REPORT "arguments of overloaded 'nand' operator are not of the same length"
            SEVERITY FAILURE;
        ELSE
            FOR i IN result'RANGE LOOP
                result(i) := not_table(and_table (lv(i), rv(i)));
            END LOOP;
        END IF;
        RETURN result;
    END "nand";
    -------------------------------------------------------------------------
    FUNCTION "nand"  ( l,r : std_ulogic_vector ) RETURN std_ulogic_vector IS
        ALIAS lv : std_ulogic_vector ( 1 TO l'LENGTH ) IS l;
        ALIAS rv : std_ulogic_vector ( 1 TO r'LENGTH ) IS r;
        VARIABLE result : std_ulogic_vector ( 1 TO l'LENGTH );
    BEGIN
        IF ( l'LENGTH /= r'LENGTH ) THEN
            ASSERT FALSE
     REPORT "arguments of overloaded 'nand' operator are not of the same length"
            SEVERITY FAILURE;
        ELSE
            FOR i IN result'RANGE LOOP
```

```vhdl
                result(i) := not_table(and_table (lv(i), rv(i)));
            END LOOP;
        END IF;
        RETURN result;
    END "nand";
    --------------------------------------------------------------------------------
    -- or
    --------------------------------------------------------------------------------
    FUNCTION "or"  ( l, r : std_logic_vector ) RETURN std_logic_vector IS
        ALIAS lv : std_logic_vector ( 1 TO l'LENGTH ) IS l;
        ALIAS rv : std_logic_vector ( 1 TO r'LENGTH ) IS r;
        VARIABLE result : std_logic_vector ( 1 TO l'LENGTH );
    BEGIN
        IF ( l'LENGTH /= r'LENGTH ) THEN
            ASSERT FALSE
     REPORT "arguments of overloaded 'or' operator are not of the same length"
            SEVERITY FAILURE;
        ELSE
            FOR i IN result'RANGE LOOP
                result(i) := or_table(lv(i), rv(i));
            END LOOP;
        END IF;
        RETURN result;
    END "or";
    --------------------------------------------------------------------------------
    FUNCTION "or"  ( l,r : std_ulogic_vector ) RETURN std_ulogic_vector IS
        ALIAS lv : std_ulogic_vector ( 1 TO l'LENGTH ) IS l;
        ALIAS rv : std_ulogic_vector ( 1 TO r'LENGTH ) IS r;
        VARIABLE result : std_ulogic_vector ( 1 TO l'LENGTH );
    BEGIN
        IF ( l'LENGTH /= r'LENGTH ) THEN
            ASSERT FALSE
     REPORT "arguments of overloaded 'or' operator are not of the same length"
            SEVERITY FAILURE;
        ELSE
            FOR i IN result'RANGE LOOP
                result(i) := or_table(lv(i), rv(i));
            END LOOP;
        END IF;
        RETURN result;
```

```
END "or";
-----------------------------------------------------------------------
-- nor
-----------------------------------------------------------------------
FUNCTION "nor" ( l,r : std_logic_vector ) RETURN std_logic_vector IS
    ALIAS lv : std_logic_vector ( 1 TO l'LENGTH ) IS l;
    ALIAS rv : std_logic_vector ( 1 TO r'LENGTH ) IS r;
    VARIABLE result : std_logic_vector ( 1 TO l'LENGTH );
BEGIN
    IF ( l'LENGTH /= r'LENGTH ) THEN
        ASSERT FALSE
 REPORT "arguments of overloaded 'nor' operator are not of the same length"
        SEVERITY FAILURE;
    ELSE
        FOR i IN result' RANGE LOOP
            result(i) := not_table(or_table(lv(i), rv(i)));
        END LOOP;
    END IF;
    RETURN result;
END "nor";
-----------------------------------------------------------------------
FUNCTION "nor" ( l,r : std_ulogic_vector ) RETURN std_ulogic_vector IS
    ALIAS lv : std_ulogic_vector ( 1 TO l'LENGTH ) IS l;
    ALIAS rv : std_ulogic_vector ( 1 TO r'LENGTH ) IS r;
    VARIABLE result : std_ulogic_vector ( 1 TO l'LENGTH );
BEGIN
    IF ( l'LENGTH /= r'LENGTH ) THEN
        ASSERT FALSE
 REPORT "arguments of overloaded 'nor' operator are not of the same length"
        SEVERITY FAILURE;
    ELSE
        FOR i IN result'RANGE LOOP
            result(i) := not_table(or_table(lv(i), rv(i)));
        END LOOP;
    END IF;
    RETURN result;
END "nor";
-----------------------------------------------------------------------
-- xor
-----------------------------------------------------------------------
```

```vhdl
    FUNCTION "xor" ( l,r : std_logic_vector ) RETURN std_logic_vector IS
        ALIAS lv : std_logic_vector ( 1 TO l'LENGTH ) IS l;
        ALIAS rv : std_logic_vector ( 1 TO r'LENGTH ) IS r;
        VARIABLE result : std_logic_vector ( 1 TO l'LENGTH );
    BEGIN
        IF ( l'LENGTH /= r'LENGTH ) THEN
            ASSERT FALSE
      REPORT "arguments of overloaded 'xor' operator are not of the same length"
            SEVERITY FAILURE;
        ELSE
            FOR i IN result'RANGE LOOP
                result(i) := xor_table(lv(i), rv(i));
            END LOOP;
        END IF;
        RETURN result;
    END "xor";
    -----------------------------------------------------------------------
    FUNCTION "xor" ( l,r : std_ulogic_vector ) RETURN std_ulogic_vector IS
        ALIAS lv : std_ulogic_vector ( 1 TO l'LENGTH ) IS l;
        ALIAS rv : std_ulogic_vector ( 1 TO r'LENGTH ) IS r;
        VARIABLE result : std_ulogic_vector ( 1 TO l'LENGTH );
    BEGIN
        IF ( l'LENGTH /= r'LENGTH ) THEN
            ASSERT FALSE
      REPORT "arguments of overloaded 'xor' operator are not of the same length"
            SEVERITY FAILURE;
        ELSE
            FOR i IN result' RANGE LOOP
                result(i) := xor_table(lv(i), rv(i));
            END LOOP;
        END IF;
        RETURN result;
    END "xor";
-- -------------------------------------------------------------------------
-- -- xnor
-- -------------------------------------------------------------------------
-- Note : The declaration and implementation of the "xnor" function is
-- specifically commented until at which time the VHDL language has been
-- officially adopted as containing such a function. At such a point,
-- the following comments may be removed along with this notice without
```

```
--   further "official" balloting of this std_logic_1164 package. It is
--   the intent of this effort to provide such a function once it becomes
--   available in the VHDL standard.
--   ----------------------------------------------------------------
--   function "xnor" ( l,r : std_logic_vector ) return std_logic_vector is
--       alias lv : std_logic_vector ( 1 to l'length ) is l;
--       alias rv : std_logic_vector ( 1 to r'length ) is r;
--       variable result : std_logic_vector ( 1 to l'length );
--   begin
--       if ( l'length /= r'length ) then
--           assert false
--    report "arguments of overloaded 'xnor' operator are not of the same length"
--           severity failure;
--       else
--           for i in result'range loop
--               result(i) := not_table(xor_table (lv(i), rv(i)));
--           end loop;
--       end if;
--       return result;
--   end "xnor";
--   function "xnor" ( l,r : std_ulogic_vector ) return std_ulogic_vector is
--       alias lv : std_ulogic_vector ( 1 to l'length ) is l;
--       alias rv : std_ulogic_vector ( 1 to r'length ) is r;
--       variable result : std_ulogic_vector ( 1 to l'length );
--   begin
--       if ( l'length /= r'length ) then
--           assert false
--    report "arguments of overloaded 'xnor' operator are not of the same length"
--           severity failure;
--       else
--           for i in result' range loop
--               result(i) := not_table(xor_table (lv(i), rv(i)));
--           end loop;
--       end if;
--       return result;
--   end "xnor";
    ----------------------------------------------------------------
    -- not
    ----------------------------------------------------------------
    FUNCTION "not" ( l : std_logic_vector ) RETURN std_logic_vector IS
```

```vhdl
        ALIAS lv : std_logic_vector ( 1 TO l'LENGTH ) IS l;
        VARIABLE result : std_logic_vector ( 1 TO l'LENGTH ) :=(OTHERS => 'X');
BEGIN
        FOR i IN result'RANGE LOOP
            result(i) := not_table( lv(i));
        END LOOP;
        RETURN result;
END;
-------------------------------------------------------------------------------
FUNCTION "not"( l : std_ulogic_vector ) RETURN std_ulogic_vector IS
        ALIAS lv : std_ulogic_vector ( 1 TO l'LENGTH ) IS l;
        VARIABLE result : std_ulogic_vector ( 1 TO l'LENGTH ) :=(OTHERS => 'X');
BEGIN
        FOR i IN result'RANGE LOOP
            result(i) := not_table( lv(i) );
        END LOOP;
        RETURN result;
END;
-------------------------------------------------------------------------------
-- conversion tables
-------------------------------------------------------------------------------
TYPE logic_x01_table  IS ARRAY (std_ulogic'LOW TO std_ulogic'HIGH) OF X01;
TYPE logic_x01z_table IS ARRAY (std_ulogic'LOW TO std_ulogic'HIGH) OF X01Z;
TYPE logic_ux01_table IS ARRAY (std_ulogic'LOW TO std_ulogic'HIGH) OF UX01;
-------------------------------------------------------------------------------
-- table name : cvt_to_x01
-- parameters :
--          in : std_ulogic    --some logic value
-- returns     : x01           --state value of logic value
-- purpose    : to convert state-strength to state only
-- example    : if (cvt_to_x01 (input_signal) = '1') then ...
-------------------------------------------------------------------------------
CONSTANT cvt_to_x01 : logic_x01_table := (
                        'X', -- 'U'
                        'X', -- 'X'
                        '0', -- '0'
                        '1', -- '1'
                        'X', -- 'Z'
                        'X', -- 'W'
                        '0', -- 'L'
```

```vhdl
                        '1',   -- 'H'
                        'X',   -- '-');
    -------------------------------------------------------------------
    -- table name : cvt_to_x01z
    -- parameters :
    --         in    : std_ulogic   -- some logic value
    -- returns       : x01z         -- state value of logic value
    -- purpose       : to convert state-strength to state only
    -- example       : if ( cvt_to_x01z (input_signal) = '1' ) then ...
    -------------------------------------------------------------------
    CONSTANT cvt_to_x01z : logic_x01z_table := (
                        'X',   -- 'U'
                        'X',   -- 'X'
                        '0',   -- '0'
                        '1',   -- '1'
                        'Z',   -- 'Z'
                        'X',   -- 'W'
                        '0',   -- 'L'
                        '1',   -- 'H'
                        'X',   -- '-' );
    -------------------------------------------------------------------
    -- table name : cvt_to_ux01
    -- parameters :
    --         in    : std_ulogic   -- some logic value
    -- returns       : ux01         -- state value of logic value
    -- purpose       : to convert state-strength to state only
    --
    -- example       : if (cvt_to_ux01 (input_signal) = '1') then ...
    -------------------------------------------------------------------
    CONSTANT cvt_to_ux01 : logic_ux01_table := (
                        'U',   -- 'U'
                        'X',   -- 'X'
                        '0',   -- '0'
                        '1',   -- '1'
                        'X',   -- 'Z'
                        'X',   -- 'W'
                        '0',   -- 'L'
                        '1',   -- 'H'
                        'X',   -- '-' );
```

```vhdl
    ------------------------------------------------------------------
    -- conversion functions
    ------------------------------------------------------------------
    FUNCTION To_bit ( s : std_ulogic; xmap : BIT := '0') RETURN BIT IS
    BEGIN
        CASE s IS
            WHEN '0' | 'L' => RETURN ('0');
            WHEN '1' | 'H' => RETURN ('1');
            WHEN OTHERS => RETURN xmap;
        END CASE;
    END;
    ------------------------------------------------------------------
    FUNCTION To_bitvector ( s : std_logic_vector; xmap : BIT := '0') RETURN BIT_VECTOR IS
        ALIAS sv : std_logic_vector ( s'LENGTH-1 DOWNTO 0 ) IS s;
        VARIABLE result : BIT_VECTOR ( s'LENGTH-1 DOWNTO 0 );
    BEGIN
        FOR i IN result'RANGE LOOP
            CASE sv(i) IS
                WHEN '0' | 'L' => result(i) := '0';
                WHEN '1' | 'H' => result(i) := '1';
                WHEN OTHERS => result(i) := xmap;
            END CASE;
        END LOOP;
        RETURN result;
    END;
    ------------------------------------------------------------------
    FUNCTION To_bitvector ( s : std_ulogic_vector; xmap : BIT := '0') RETURN BIT_VECTOR IS
        ALIAS sv : std_ulogic_vector ( s'LENGTH-1 DOWNTO 0 ) IS s;
        VARIABLE result : BIT_VECTOR ( s'LENGTH-1 DOWNTO 0 );
    BEGIN
        FOR i IN result'RANGE LOOP
            CASE sv(i) IS
                WHEN '0' | 'L' => result(i) := '0';
                WHEN '1' | 'H' => result(i) := '1';
                WHEN OTHERS => result(i) := xmap;
            END CASE;
        END LOOP;
        RETURN result;
```

```vhdl
    END;
    -----------------------------------------------------------------
    FUNCTION To_StdULogic ( b : BIT ) RETURN std_ulogic IS
    BEGIN
        CASE b IS
            WHEN '0' => RETURN '0';
            WHEN '1' => RETURN '1';
        END CASE;
    END;
    -----------------------------------------------------------------
    FUNCTION To_StdLogicVector ( b : BIT_VECTOR ) RETURN std_logic_vector IS
        ALIAS bv : BIT_VECTOR ( b'LENGTH-1 DOWNTO 0 ) IS b;
        VARIABLE result : std_logic_vector ( b'LENGTH-1 DOWNTO 0 );
    BEGIN
        FOR i IN result'RANGE LOOP
            CASE bv(i) IS
                WHEN '0' => result(i) := '0';
                WHEN '1' => result(i) := '1';
            END CASE;
        END LOOP;
        RETURN result;
    END;
    -----------------------------------------------------------------
    FUNCTION To_StdLogicVector ( s : std_ulogic_vector) RETURN std_logic_vector IS
        ALIAS sv : std_ulogic_vector ( s'LENGTH-1 DOWNTO 0 ) IS s;
        VARIABLE result :  std_logic_vector ( s'LENGTH-1 DOWNTO 0 );
    BEGIN
        FOR i IN result'RANGE LOOP
            result(i) := sv(i);
        END LOOP;
        RETURN result;
    END;
    -----------------------------------------------------------------
    FUNCTION To_StdULogicVector ( b : BIT_VECTOR ) RETURN  std_ulogic_vector IS
        ALIAS bv : BIT_VECTOR ( b'LENGTH-1 DOWNTO 0 ) IS b;
        VARIABLE result : std_ulogic_vector ( b'LENGTH-1 DOWNTO 0 );
    BEGIN
        FOR i IN result'RANGE LOOP
            CASE bv(i) IS
```

```vhdl
                    WHEN '0' => result(i) := '0';
                    WHEN '1' => result(i) := '1';
            END CASE;
        END LOOP;
        RETURN result;
    END;
    ----------------------------------------------------------------
    FUNCTION To_StdULogicVector ( s : std_logic_vector ) RETURN std_ulogic_vector IS
        ALIAS sv : std_logic_vector ( s'LENGTH-1 DOWNTO 0 ) IS s;
        VARIABLE result : std_ulogic_vector ( s'LENGTH-1 DOWNTO 0 );
    BEGIN
        FOR i IN result'RANGE LOOP
            result(i) := sv(i);
        END LOOP;
        RETURN result;
    END;


    ----------------------------------------------------------------
    -- strength strippers and type convertors
    ----------------------------------------------------------------
    -- to_x01
    ----------------------------------------------------------------
    FUNCTION To_X01  ( s : std_logic_vector ) RETURN std_logic_vector IS
        ALIAS sv : std_logic_vector ( 1 TO s'LENGTH ) IS s;
        VARIABLE result : std_logic_vector ( 1 TO s'LENGTH );
    BEGIN
        FOR i IN result'RANGE LOOP
            result(i) := cvt_to_x01 (sv(i));
        END LOOP;
        RETURN result;
    END;
    ----------------------------------------------------------------
    FUNCTION To_X01  ( s : std_ulogic_vector ) RETURN  std_ulogic_vector IS
        ALIAS sv : std_ulogic_vector ( 1 TO s'LENGTH ) IS s;
        VARIABLE result :  std_ulogic_vector ( 1 TO s'LENGTH );
    BEGIN
        FOR i IN result'RANGE LOOP
            result(i) := cvt_to_x01 (sv(i));
        END LOOP;
```

```vhdl
        RETURN result;
END;
------------------------------------------------------------------
FUNCTION To_X01 ( s : std_ulogic ) RETURN  X01 IS
BEGIN
    RETURN (cvt_to_x01(s));
END;
------------------------------------------------------------------
FUNCTION To_X01 ( b : BIT_VECTOR ) RETURN  std_logic_vector IS
    ALIAS bv : BIT_VECTOR ( 1 TO b'LENGTH ) IS b;
    VARIABLE result : std_logic_vector ( 1 TO b'LENGTH );
BEGIN
    FOR i IN result'RANGE LOOP
        CASE bv(i) IS
            WHEN '0' => result(i) := '0';
            WHEN '1' => result(i) := '1';
        END CASE;
    END LOOP;
    RETURN result;
END;
------------------------------------------------------------------
FUNCTION To_X01 ( b : BIT_VECTOR ) RETURN  std_ulogic_vector IS
    ALIAS bv : BIT_VECTOR ( 1 TO b'LENGTH ) IS b;
    VARIABLE result : std_ulogic_vector ( 1 TO b'LENGTH );
BEGIN
    FOR i IN result'RANGE LOOP
        CASE bv(i) IS
            WHEN '0' => result(i) := '0';
            WHEN '1' => result(i) := '1';
        END CASE;
    END LOOP;
    RETURN result;
END;
------------------------------------------------------------------
FUNCTION To_x01 ( b : BIT ) RETURN X01 IS
BEGIN
        CASE b IS
            WHEN '0' => RETURN('0');
            WHEN '1' => return('1');
        END CASE;
```

```vhdl
END;
-------------------------------------------------------------------
-- to_x01z
-------------------------------------------------------------------
FUNCTION To_X01Z  ( s : std_logic_vector ) RETURN  std_logic_vector IS
    ALIAS sv : std_logic_vector ( 1 TO s'LENGTH ) IS s;
    VARIABLE result : std_logic_vector ( 1 TO s'LENGTH );
BEGIN
    FOR i IN result'RANGE LOOP
        result(i) := cvt_to_x01z (sv(i));
    END LOOP;
    RETURN result;
END;
-------------------------------------------------------------------
FUNCTION To_X01Z  ( s : std_ulogic_vector ) RETURN  std_ulogic_vector IS
    ALIAS sv : std_ulogic_vector ( 1 TO s'LENGTH ) IS s;
    VARIABLE result : std_ulogic_vector ( 1 TO s'LENGTH );
BEGIN
    FOR i IN result'RANGE LOOP
        result(i) := cvt_to_x01z (sv(i));
    END LOOP;
    RETURN result;
END;
-------------------------------------------------------------------
FUNCTION To_X01Z  ( s : std_ulogic ) RETURN  X01Z IS
BEGIN
    RETURN (cvt_to_x01z(s));
END;
-------------------------------------------------------------------
FUNCTION To_X01Z ( b : BIT_VECTOR ) RETURN  std_logic_vector IS
    ALIAS bv : BIT_VECTOR ( 1 TO b'LENGTH ) IS b;
    VARIABLE result : std_logic_vector ( 1 TO b'LENGTH );
BEGIN
    FOR i IN result'RANGE LOOP
        CASE bv(i) IS
            WHEN '0' => result(i) := '0';
            WHEN '1' => result(i) := '1';
        END CASE;
    END LOOP;
    RETURN result;
```

```vhdl
END;
------------------------------------------------------------------------
FUNCTION To_X01Z ( b : BIT_VECTOR ) RETURN  std_ulogic_vector IS
    ALIAS bv : BIT_VECTOR ( 1 TO b'LENGTH ) IS b;
    VARIABLE result : std_ulogic_vector ( 1 TO b'LENGTH );
BEGIN
    FOR i IN result'RANGE LOOP
        CASE bv(i) IS
            WHEN '0' => result(i) := '0';
            WHEN '1' => result(i) := '1';
        END CASE;
    END LOOP;
    RETURN result;
END;
------------------------------------------------------------------------
FUNCTION To_X01Z ( b : BIT ) RETURN  X01Z IS
BEGIN
        CASE b IS
            WHEN '0' => RETURN('0');
            WHEN '1' => RETURN('1');
        END CASE;
END;
------------------------------------------------------------------------
-- to_ux01
------------------------------------------------------------------------
FUNCTION To_UX01 ( s : std_logic_vector ) RETURN  std_logic_vector IS
    ALIAS sv : std_logic_vector ( 1 TO s'LENGTH ) IS s;
    VARIABLE result : std_logic_vector ( 1 TO s'LENGTH );
BEGIN
    FOR i IN result'RANGE LOOP
        result(i) := cvt_to_ux01 (sv(i));
    END LOOP;
    RETURN result;
END;
------------------------------------------------------------------------
FUNCTION To_UX01 ( s : std_ulogic_vector ) RETURN  std_ulogic_vector IS
    ALIAS sv : std_ulogic_vector ( 1 TO s'LENGTH ) IS s;
    VARIABLE result : std_ulogic_vector ( 1 TO s'LENGTH );
BEGIN
    FOR i IN result'RANGE LOOP
```

```
            result(i) := cvt_to_ux01 (sv(i));
        END LOOP;
        RETURN result;
    END;
    ------------------------------------------------------------------
    FUNCTION To_UX01 ( s : std_ulogic ) RETURN  UX01 IS
    BEGIN
        RETURN (cvt_to_ux01(s));
    END;
    ------------------------------------------------------------------
    FUNCTION To_UX01 ( b : BIT_VECTOR ) RETURN  std_logic_vector IS
        ALIAS bv : BIT_VECTOR ( 1 TO b'LENGTH ) IS b;
        VARIABLE result : std_logic_vector ( 1 TO b'LENGTH );
    BEGIN
        FOR i IN result'RANGE LOOP
            CASE bv(i) IS
                WHEN '0' => result(i) := '0';
                WHEN '1' => result(i) := '1';
            END CASE;
        END LOOP;
        RETURN result;
    END;
    ------------------------------------------------------------------
    FUNCTION To_UX01 ( b : BIT_VECTOR ) RETURN  std_ulogic_vector IS
        ALIAS bv : BIT_VECTOR ( 1 TO b'LENGTH ) IS b;
        VARIABLE result : std_ulogic_vector ( 1 TO b'LENGTH );
    BEGIN
        FOR i IN result'RANGE LOOP
            CASE bv(i) IS
                WHEN '0' => result(i) := '0';
                WHEN '1' => result(i) := '1';
            END CASE;
        END LOOP;
        RETURN result;
    END;
    ------------------------------------------------------------------
    FUNCTION To_UX01 ( b : BIT ) RETURN  UX01 IS
    BEGIN
            CASE b IS
                WHEN '0' => RETURN('0');
```

```vhdl
            WHEN '1' => RETURN('1');
        END CASE;
END;
------------------------------------------------------------------------
-- edge detection
------------------------------------------------------------------------
FUNCTION rising_edge (SIGNAL s : std_ulogic) RETURN BOOLEAN IS
BEGIN
    RETURN (s'EVENT AND (To_X01(s) ='1') AND
                        (To_X01(s'LAST_VALUE) = '0'));
END;
FUNCTION falling_edge (SIGNAL s : std_ulogic) RETURN BOOLEAN IS
BEGIN
    RETURN (s'EVENT AND (To_X01(s) ='0') AND
                        (To_X01(s'LAST_VALUE) = '1'));
END;
------------------------------------------------------------------------
-- object contains an unknown
------------------------------------------------------------------------
FUNCTION Is_X ( s : std_ulogic_vector ) RETURN  BOOLEAN IS
BEGIN
    FOR i IN s'RANGE LOOP
        CASE s(i) IS
            WHEN 'U' | 'X' | 'Z' | 'W' | '-' => RETURN TRUE;
            WHEN OTHERS => NULL;
        END CASE;
    END LOOP;
    RETURN FALSE;
END;
------------------------------------------------------------------------
FUNCTION Is_X ( s : std_logic_vector ) RETURN BOOLEAN IS
BEGIN
    FOR i IN s'RANGE LOOP
        CASE s(i) IS
            WHEN 'U' | 'X' | 'Z' | 'W' | '-' => RETURN TRUE;
            WHEN OTHERS => NULL;
        END CASE;
    END LOOP;
    RETURN FALSE;
END;
```

```vhdl
    -----------------------------------------------------------------
    FUNCTION Is_X ( s: std_ulogic   ) RETURN  BOOLEAN IS
    BEGIN
        CASE s IS
            WHEN 'U' | 'X' | 'Z' | 'W' | '-' => RETURN TRUE;
            WHEN OTHERS => NULL;
        END CASE;
        RETURN FALSE;
    END;

END std_logic_1164;
```

● std_logic_arith（米国Synopsys社提供）

```
------------------------------------------------------------------------
-- Copyright (c) 1990,1991,1992 by Synopsys, Inc.  All rights reserved. --
-- This source file may be used and distributed without restriction    --
-- provided that this copyright statement is not removed from the file --
-- and that any derivative work contains this copyright notice.        --
--                                                                     --
--     Package name: STD_LOGIC_ARITH                                   --
--                                                                     --
--     Purpose:                                                         --
--       A set of arithemtic, conversion, and comparison functions     --
--       for SIGNED, UNSIGNED, SMALL_INT, INTEGER,                     --
--       STD_ULOGIC, STD_LOGIC, and STD_LOGIC_VECTOR.                  --
------------------------------------------------------------------------
library IEEE;
use IEEE.std_logic_1164.all;
package std_logic_arith is
    type UNSIGNED is array (NATURAL range <>) of STD_LOGIC;
    type SIGNED is array (NATURAL range <>) of STD_LOGIC;
    subtype SMALL_INT is INTEGER range 0 to 1;
    function "+"(L: UNSIGNED; R: UNSIGNED) return UNSIGNED;
    function "+"(L: SIGNED; R: SIGNED) return SIGNED;
    function "+"(L: UNSIGNED; R: SIGNED) return SIGNED;
    function "+"(L: SIGNED; R: UNSIGNED) return SIGNED;
    function "+"(L: UNSIGNED; R: INTEGER) return UNSIGNED;
    function "+"(L: INTEGER; R: UNSIGNED) return UNSIGNED;
    function "+"(L: SIGNED; R: INTEGER) return SIGNED;
    function "+"(L: INTEGER; R: SIGNED) return SIGNED;
    function "+"(L: UNSIGNED; R: STD_ULOGIC) return UNSIGNED;
    function "+"(L: STD_ULOGIC; R: UNSIGNED) return UNSIGNED;
    function "+"(L: SIGNED; R: STD_ULOGIC) return SIGNED;
    function "+"(L: STD_ULOGIC; R: SIGNED) return SIGNED;
    function "+"(L: UNSIGNED; R: UNSIGNED) return STD_LOGIC_VECTOR;
    function "+"(L: SIGNED; R: SIGNED) return STD_LOGIC_VECTOR;
    function "+"(L: UNSIGNED; R: SIGNED) return STD_LOGIC_VECTOR;
    function "+"(L: SIGNED; R: UNSIGNED) return STD_LOGIC_VECTOR;
    function "+"(L: UNSIGNED; R: INTEGER) return STD_LOGIC_VECTOR;
    function "+"(L: INTEGER; R: UNSIGNED) return STD_LOGIC_VECTOR;
    function "+"(L: SIGNED; R: INTEGER) return STD_LOGIC_VECTOR;
    function "+"(L: INTEGER; R: SIGNED) return STD_LOGIC_VECTOR;
```

```
function "+"(L: UNSIGNED; R: STD_ULOGIC) return STD_LOGIC_VECTOR;
function "+"(L: STD_ULOGIC; R: UNSIGNED) return STD_LOGIC_VECTOR;
function "+"(L: SIGNED; R: STD_ULOGIC) return STD_LOGIC_VECTOR;
function "+"(L: STD_ULOGIC; R: SIGNED) return STD_LOGIC_VECTOR;
function "-"(L: UNSIGNED; R: UNSIGNED) return UNSIGNED;
function "-"(L: SIGNED; R: SIGNED) return SIGNED;
function "-"(L: UNSIGNED; R: SIGNED) return SIGNED;
function "-"(L: SIGNED; R: UNSIGNED) return SIGNED;
function "-"(L: UNSIGNED; R: INTEGER) return UNSIGNED;
function "-"(L: INTEGER; R: UNSIGNED) return UNSIGNED;
function "-"(L: SIGNED; R: INTEGER) return SIGNED;
function "-"(L: INTEGER; R: SIGNED) return SIGNED;
function "-"(L: UNSIGNED; R: STD_ULOGIC) return UNSIGNED;
function "-"(L: STD_ULOGIC; R: UNSIGNED) return UNSIGNED;
function "-"(L: SIGNED; R: STD_ULOGIC) return SIGNED;
function "-"(L: STD_ULOGIC; R: SIGNED) return SIGNED;
function "-"(L: UNSIGNED; R: UNSIGNED) return STD_LOGIC_VECTOR;
function "-"(L: SIGNED; R: SIGNED) return STD_LOGIC_VECTOR;
function "-"(L: UNSIGNED; R: SIGNED) return STD_LOGIC_VECTOR;
function "-"(L: SIGNED; R: UNSIGNED) return STD_LOGIC_VECTOR;
function "-"(L: UNSIGNED; R: INTEGER) return STD_LOGIC_VECTOR;
function "-"(L: INTEGER; R: UNSIGNED) return STD_LOGIC_VECTOR;
function "-"(L: SIGNED; R: INTEGER) return STD_LOGIC_VECTOR;
function "-"(L: INTEGER; R: SIGNED) return STD_LOGIC_VECTOR;
function "-"(L: UNSIGNED; R: STD_ULOGIC) return STD_LOGIC_VECTOR;
function "-"(L: STD_ULOGIC; R: UNSIGNED) return STD_LOGIC_VECTOR;
function "-"(L: SIGNED; R:STD_ULOGIC) return STD_LOGIC_VECTOR;
function "-"(L: STD_ULOGIC; R: SIGNED) return STD_LOGIC_VECTOR;
function "+"(L: UNSIGNED) return UNSIGNED;
function "+"(L: SIGNED) return SIGNED:
function "-"(L: SIGNED) return SIGNED:
function "ABS"(L: SIGNED) return SIGNED:
function "+"(L: UNSIGNED) return STD_LOGIC_VECTOR;
function "+"(L: SIGNED) return STD_LOGIC_VECTOR;
function "-"(L: SIGNED) return STD_LOGIC_VECTOR;
function "ABS"(L: SIGNED) return STD_LOGIC_VECTOR;
function "*"(L: UNSIGNED; R: UNSIGNED) return UNSIGNED;
function "*"(L: SIGNED; R: SIGNED) return SIGNED;
function "*"(L: SIGNED; R: UNSIGNED) return SIGNED;
function "*"(L: UNSIGNED; R: SIGNED) return SIGNED;
```

```
function "*"(L: UNSIGNED; R: UNSIGNED) return STD_LOGIC_VECTOR;
function "*"(L: SIGNED; R: SIGNED) return STD_LOGIC_VECTOR;
function "*"(L: SIGNED; R: UNSIGNED) return STD_LOGIC_VECTOR;
function "*"(L: UNSIGNED; R: SIGNED) return STD_LOGIC_VECTOR;
function "<"(L: UNSIGNED; R: UNSIGNED) return BOOLEAN;
function "<"(L: SIGNED; R: SIGNED) return BOOLEAN;
function "<"(L: UNSIGNED; R: SIGNED) return BOOLEAN;
function "<"(L: SIGNED; R: UNSIGNED) return BOOLEAN;
function "<"(L: UNSIGNED; R: INTEGER) return BOOLEAN;
function "<"(L: INTEGER; R: UNSIGNED) return BOOLEAN;
function "<"(L: SIGNED; R: INTEGER) return BOOLEAN;
function "<"(L: INTEGER; R: SIGNED) return BOOLEAN;
function "<="(L: UNSIGNED; R: UNSIGNED) return BOOLEAN;
function "<="(L: SIGNED; R: SIGNED) return BOOLEAN;
function "<="(L: UNSIGNED; R: SIGNED) return BOOLEAN;
function "<="(L: SIGNED; R: UNSIGNED) return BOOLEAN;
function "<="(L: UNSIGNED; R: INTEGER) return BOOLEAN;
function "<="(L: INTEGER; R: UNSIGNED) return BOOLEAN;
function "<="(L: SIGNED; R: INTEGER) return BOOLEAN;
function "<="(L: INTEGER; R: SIGNED) return BOOLEAN;
function ">"(L: UNSIGNED; R: UNSIGNED) return BOOLEAN;
function ">"(L: SIGNED; R: SIGNED) return BOOLEAN;
function ">"(L: UNSIGNED; R: SIGNED) return BOOLEAN;
function ">"(L: SIGNED; R: UNSIGNED) return BOOLEAN;
function ">"(L: UNSIGNED; R: INTEGER) return BOOLEAN;
function ">"(L: INTEGER; R: UNSIGNED) return BOOLEAN;
function ">"(L: SIGNED; R: INTEGER) return BOOLEAN;
function ">"(L: INTEGER; R: SIGNED) return BOOLEAN;
function ">="(L: UNSIGNED; R: UNSIGNED) return BOOLEAN;
function ">="(L: SIGNED; R: SIGNED) return BOOLEAN;
function ">="(L: UNSIGNED; R: SIGNED) return BOOLEAN;
function ">="(L: SIGNED; R: UNSIGNED) return BOOLEAN;
function ">="(L: UNSIGNED; R: INTEGER) return BOOLEAN;
function ">="(L: INTEGER; R: UNSIGNED) return BOOLEAN;
function ">="(L: SIGNED; R: INTEGER) return BOOLEAN;
function ">="(L: INTEGER; R: SIGNED) return BOOLEAN;
function "="(L: UNSIGNED; R: UNSIGNED) return BOOLEAN;
function "="(L: SIGNED; R: SIGNED) return BOOLEAN;
function "="(L: UNSIGNED; R: SIGNED) return BOOLEAN;
function "="(L: SIGNED; R: UNSIGNED) return BOOLEAN;
```

```
function "="(L: UNSIGNED; R: INTEGER) return BOOLEAN;
function "="(L: INTEGER; R: UNSIGNED) return BOOLEAN;
function "="(L: SIGNED; R: INTEGER) return BOOLEAN;
function "="(L: INTEGER; R: SIGNED) return BOOLEAN;
function "/="(L: UNSIGNED; R: UNSIGNED) return BOOLEAN;
function "/="(L: SIGNED; R: SIGNED) return BOOLEAN;
function "/="(L: UNSIGNED; R: SIGNED) return BOOLEAN;
function "/="(L: SIGNED; R: UNSIGNED) return BOOLEAN;
function "/="(L: UNSIGNED; R: INTEGER) return BOOLEAN;
function "/="(L: INTEGER; R: UNSIGNED) return BOOLEAN;
function "/="(L: SIGNED; R: INTEGER) return BOOLEAN;
function "/="(L: INTEGER; R: SIGNED) return BOOLEAN;
function SHL(ARG: UNSIGNED; COUNT: UNSIGNED) return UNSIGNED;
function SHL(ARG: SIGNED; COUNT: UNSIGNED) return SIGNED;
function SHR(ARG: UNSIGNED; COUNT: UNSIGNED) return UNSIGNED;
function SHR(ARG: SIGNED; COUNT: UNSIGNED) return SIGNED;

function CONV_INTEGER(ARG: INTEGER) return INTEGER;
function CONV_INTEGER(ARG: UNSIGNED) return INTEGER;
function CONV_INTEGER(ARG: SIGNED) return INTEGER;
function CONV_INTEGER(ARG: STD_ULOGIC) return SMALL_INT;
function CONV_UNSIGNED(ARG: INTEGER; SIZE: INTEGER) return UNSIGNED;
function CONV_UNSIGNED(ARG: UNSIGNED; SIZE: INTEGER) return UNSIGNED;
function CONV_UNSIGNED(ARG: SIGNED; SIZE: INTEGER) return UNSIGNED;
function CONV_UNSIGNED(ARG: STD_ULOGIC; SIZE: INTEGER) return UNSIGNED;
function CONV_SIGNED(ARG: INTEGER; SIZE: INTEGER) return SIGNED;
function CONV_SIGNED(ARG: UNSIGNED; SIZE: INTEGER) return SIGNED;
function CONV_SIGNED(ARG: SIGNED; SIZE: INTEGER) return SIGNED;
function CONV_SIGNED(ARG: STD_ULOGIC; SIZE: INTEGER) return SIGNED;
function CONV_STD_LOGIC_VECTOR(ARG: INTEGER; SIZE: INTEGER)
                    return STD_LOGIC_VECTOR;
function CONV_STD_LOGIC_VECTOR(ARG: UNSIGNED; SIZE: INTEGER)
                    return STD_LOGIC_VECTOR;
function CONV_STD_LOGIC_VECTOR(ARG: SIGNED; SIZE: INTEGER)
                    return STD_LOGIC_VECTOR;
function CONV_STD_LOGIC_VECTOR(ARG: STD_ULOGIC; SIZE: INTEGER)
                    return STD_LOGIC_VECTOR;
-- zero extend STD_LOGIC_VECTOR(ARG) to SIZE,
-- SIZE < 0 is same as SIZE = 0
-- returns STD_LOGIC_VECTOR(SIZE-1 downto 0)
```

```
    function EXT(ARG: STD_LOGIC_VECTOR; SIZE: INTEGER) return STD_LOGIC_VECTOR;
    -- sign extend STD_LOGOC_VECTOR (ARG) TO SIZE,
    -- SIZE < 0 is same as SIZE = 0
    -- return STD_LOGIC_VECTOR(SIZE-1 downto 0)
    function SXT(ARG: STD_LOGIC_VECTOR; SIZE: INTEGER) return STD_LOGIC_VECTOR;
end Std_logic_arith;
```

● std_logic_unsigned（米国Synopsys社提供）

```
--------------------------------------------------------------------------
-- Copyright (c) 1990,1991,1992 by Synopsys, Inc.                       --
--                                          All rights reserved.        --
-- This source file may be used and distributed without restriction     --
-- provided that this copyright statement is not removed from the file  --
-- and that any derivative work contains this copyright notice.         --
--                                                                      --
--     Package name: STD_LOGIC_UNSIGNED                                 --
--        Date: 09/11/92        KN                                      --
--              10/08/92        AMT                                     --
--                                                                      --
--     Purpose:                                                         --
--        A set of unsigned arithemtic, conversion,                     --
--           and comparision functions for STD_LOGIC_VECTOR.            --
--     Note:  comparision of same length discrete arrays is defined     --
--            by the LRM. This package will "overload" those            --
--            definitions                                               --
--------------------------------------------------------------------------

library IEEE;
use IEEE.std_logic_1164.all;
use IEEE.std_logic_arith.all;

package STD_LOGIC_UNSIGNED is

    function "+"(L: STD_LOGIC_VECTOR; R: STD_LOGIC_VECTOR) return STD_LOGIC_VECTOR;
    function "+"(L: STD_LOGIC_VECTOR; R: INTEGER) return STD_LOGIC_VECTOR;
    function "+"(L: INTEGER; R: STD_LOGIC_VECTOR) return STD_LOGIC_VECTOR;
    function "+"(L: STD_LOGIC_VECTOR; R: STD_LOGIC) return STD_LOGIC_VECTOR;
    function "+"(L: STD_LOGIC; R: STD_LOGIC_VECTOR) return STD_LOGIC_VECTOR;

    function "-"(L: STD_LOGIC_VECTOR; R: STD_LOGIC_VECTOR) return STD_LOGIC_VECTOR;
    function "-"(L: STD_LOGIC_VECTOR; R: INTEGER) return STD_LOGIC_VECTOR;
    function "-"(L: INTEGER; R: STD_LOGIC_VECTOR) return STD_LOGIC_VECTOR;
    function "-"(L: STD_LOGIC_VECTOR; R: STD_LOGIC) return STD_LOGIC_VECTOR;
    function "-"(L: STD_LOGIC; R: STD_LOGIC_VECTOR) return STD_LOGIC_VECTOR;
```

```
    function "+"(L: STD_LOGIC_VECTOR) return STD_LOGIC_VECTOR;

    function "*"(L: STD_LOGIC_VECTOR; R: STD_LOGIC_VECTOR) return STD_LOGIC_
VECTOR;

    function "<"(L: STD_LOGIC_VECTOR; R: STD_LOGIC_VECTOR) return BOOLEAN;
    function "<"(L: STD_LOGIC_VECTOR; R: INTEGER) return BOOLEAN;
    function "<"(L: INTEGER; R: STD_LOGIC_VECTOR) return BOOLEAN;
    function "<="(L: STD_LOGIC_VECTOR; R: STD_LOGIC_VECTOR) return BOOLEAN;
    function "<="(L: STD_LOGIC_VECTOR; R: INTEGER) return BOOLEAN;
    function "<="(L: INTEGER; R: STD_LOGIC_VECTOR) return BOOLEAN;

    functio ">"(L: STD_LOGIC_VECTOR; R: STD_LOGIC_VECTOR) return BOOLEAN;
    function ">"(L: STD_LOGIC_VECTOR; R: INTEGER) return BOOLEAN;
    function ">"(L: INTEGER; R: STD_LOGIC_VECTOR) return BOOLEAN;

    function ">="(L: STD_LOGIC_VECTOR; R: STD_LOGIC_VECTOR) return BOOLEAN;
    function ">="(L: STD_LOGIC_VECTOR; R: INTEGER) return BOOLEAN;
    function ">="(L: INTEGER; R: STD_LOGIC_VECTOR) return BOOLEAN;

    function "="(L: STD_LOGIC_VECTOR; R: STD_LOGIC_VECTOR) return BOOLEAN;
    function "="(L: STD_LOGIC_VECTOR; R: INTEGER) return BOOLEAN;
    function "="(L: INTEGER; R: STD_LOGIC_VECTOR) return BOOLEAN;

    function "/="(L: STD_LOGIC_VECTOR; R: STD_LOGIC_VECTOR) return BOOLEAN;
    function "/="(L: STD_LOGIC_VECTOR; R: INTEGER) return BOOLEAN;
    function "/="(L: INTEGER; R: STD_LOGIC_VECTOR) return BOOLEAN;
    function SHL(ARG:STD_LOGIC_VECTOR; COUNT: STD_LOGIC_VECTOR) return STD_
LOGIC_VECTOR;
    function SHR(ARG:STD_LOGIC_VECTOR; COUNT:STD_LOGIC_VECTOR) return STD_
LOGIC_VECTOR;

    function CONV_INTEGER(ARG: STD_LOGIC VECTOR) return INTEGER;

-- remove this since it is already in std_logic_arith
--    function  CONV_STD_LOGIC_VECTOR(ARG: INTEGER; SIZE: INTEGER) return STD_
LOGIC_VECTOR;
end STD_LOGIC_UNSIGNED;
```

特別付録　VHDL用語対訳集

VHDLについて詳しく調べようとすると英語の資料を当たらざるをえません．

そこで，これから英語の本でVHDLを勉強しようとする読者のみなさんが英語での用語と日本語訳で見た用語との間で混乱を起こさないように，英語のVHDL関連用語と日本語訳との対応を示します．ここに示す訳語は，（社）日本電子機械工業会（現 電子情報技術産業協会）EDA特別委員会が作成した訳語とは一部違っています．以下の用語のすべてが本書で使われているわけではありませんが，VHDL用語を日本語訳した一例として編集部が独自に作成したものを示します．　　　　　（著作・文責：編集部）

A

abstract literal	抽象リテラル
actual	実体（アクチュアル）
adding operator	加法演算子
aggregate	集合体
alias	エイリアス
allocation	領域確保
alocator	アロケータ
analyzer	アナライザ
architecture	アーキテクチャ
architecture body	アーキテクチャ本体
assertion	アサーション
assignment	代入
association element	関連付けエレメント
association list	関連付けリスト
attribute	アトリビュート（属性）
attribute specification	アトリビュート（属性）仕様

B

back annotation	バック・アノテーション
base type	基本タイプ
based literal	基底付きリテラル
behavior	ビヘイビア
binding	結合（バインディング）

C

character literal	文字リテラル
clause	節（文節）
component	コンポーネント
composite type	複合タイプ
compound symbol	複合シンボル
concatenation operator	連接演算子（連結演算子）
concurrent	同時処理
concurrent behavior	同時処理動作
condition	条件
configuration	コンフィグレーション
conform	一致
constraint	制約
constrained array	制約付き配列
context clause	コンテキスト節
context item	コンテキスト項目

D

data object	データ・オブジェクト
deallocation	領域解放
declaration	宣言
deffered binding	設定延期結合
deffered constant	設定延期定数
delta delay	デルタ遅延
design	設計（デザイン）
design entity	デザイン・エンティティ
designated type	指示されたタイプ
designator	指示子
discrete object	ディスクリート・オブジェクト

E

elaboration	エラボレーション
element	エレメント
entity	エンティティ

entity architecture pair	エンティティ・アーキテクチャ対	intermediate form	中間形式
enumeration type	列挙タイプ	item	アイテム
event	イベント		
explicit	明示的	**L**	
explicit signal	明示的信号	linkage port	リンクされたポート
explicit visiblity	明示的可視性	literal	リテラル
export	エクスポート	local	ローカル
expression	式		
external environment	外部環境	**M**	
		mixed style	混合スタイル
F		multiplication operator	乗算演算子
factor	因子	multiplying operator	乗法演算子
function	ファンクション	mutually dependent access type	相互依存のアクセス・タイプ
function call	ファンクション呼び出し		
		N	
G		named association	名前による関連付け
generate identifier	ジェネレート識別子	null statement	null文
generic	ジェネリック	numeric literal	数値リテラル
guard expression	ガード式	numeric type	数値タイプ
guarded assignment	ガード付き代入		
		O	
H		object	オブジェクト
hidden	隠された	overloading	オーバロード
high-level behavior	高レベル動作		
		P	
I		pair	対
identifier	識別子	parameter	パラメータ
implementation	インプリメンテーション	passive statement	受動文
implict	暗黙的な	physical type	物理タイプ
implicitly declared objict	暗黙的に宣言されたオブジェクト	positional association	位置による関連付け
		predefined	既定(あらかじめ定義された)
		primary unit	一次ユニット
incomplete type	不完全タイプ	primitive component	プリミティブ・コンポーネント
inertial delay	慣性遅延		
instance	インスタンス	procedure	プロシージャ
instanciated unit	インスタンシエートされたユニット	procedure call	プロシージャ呼び出し
		propagation	伝播
instanciation	インスタンシエーション，具体化		

Q

qualified expression	限定式
que	キュー

R

range	範囲
range attributes	範囲アトリビュート(範囲属性)
real literal	実数リテラル
record aggregate	レコード集合体
reference	リファレンス
regal assignment	通常の代入
resolution function	解決関数
resolved signal	解決された信号
resolved value	解決された値

S

scope	スコープ
secondary unit	二次ユニット
semantics	セマンティクス
sensitibity list	センシティビティ・リスト
separator	分離子
sequential	順次処理
severity level	セビリティ・レベル
signal	信号
signal assignment statement	信号代入文
signature	シグネチャ
slice	スライス(切断)
specification	仕様
static information	スタティック情報
structure	構造
subprogram	サブプログラム
subtype	サブタイプ
suspend	保留

T

testbench	テストベンチ
term	項
transport delay	伝播遅延
transaction	トランザクション
type	タイプ

U

unassociated formal	関連付けされないフォーマル
unconstrained array	非制約配列(制約のない配列)
unconstrained subtype	非制約サブタイプ(制約のないサブタイプ)
unit name	単位名,ユニット名
universal	普遍

V

variable	変数
view	ビュー
visible	可視
visivility	可視性

W

waveform element	波形要素
waveform expression	波形式

索 引

数字・記号

2次元配列	84
3ステート・バッファ	42
'	28
"	28
–	25, 36
&	23, 36
*	25, 36
**	36
/	25, 36
/=	34, 36
:=	67
'X'の伝播	138, 145
+	25, 36
<	34, 36
<=	17, 34, 36, 68
=	34, 36
=>	37
>	34, 36
>=	34, 36

A

abs	36
ACTIVE	168
after	65, 85, 86, 91, 121, 123
alias	154
all	16, 78
ALU	79, 114
and	17, 18, 36
architecture	17, 55, 154
array	81
assert	85, 154
attribute	149, 155

B

base	167

(右段)

BCDカウンタ	61
BEHAVIOR	168
bit	18, 26, 71, 129, 149
bit_vector	71, 87, 129, 149
block	156
block_configuration	155
boolean	18, 34, 70, 71, 149
buffer	15

C

case	31, 37, 115, 140, 144, 156
component	19, 157
component_configuration	156
component_instance	157
configuration	157
constant	67, 70, 93, 95, 102, 125, 158
CONV_INTEGER	71, 87
CONV_STD_LOGIC_VECTOR	71, 87, 96
CONV_UNSIGNED	96

D

DELAYED	168
disconnection	158
don't care	27, 38, 139, 145
downto	21

E

else	33, 34, 139, 145
endfile	131
entity	14, 158
ERROR	85
EVENT	95, 168
FAILURE	85

F

FALSE	34

FIFO	107
file	130, 158
for-generate	55, 147
for-loop	31, 41, 55, 96
function	91

G

generate	159
generic	84, 151, 159
generic map	159
group	159

H

high	93, 167
hwrite	130

I

IEEE	12, 16, 26, 77
if	31, 33, 37, 144, 160
if-generate	147
in	15, 93, 102
inout	15, 102
integer	27, 67, 70, 71, 74, 81, 86, 111, 149

L

LAST_EVENT	168
LAST_VALUE	168
left	93, 167
LEFTOF	167
length	95, 167
library	76, 160
linkage	15
loop	160
low	93, 167
LRM	12

M

mod	25, 27, 36

N

nand	18, 21, 36
natural	71
nor	18, 21, 36
not	18, 36
NOTE	85

O

open	21
or	17, 18, 36
oread	130
others	24, 38, 140
out	15, 49, 102
owrite	130

P

package	161
package body	92, 161
port	15, 151, 161
port map	161
POS	167
positive	71
PRED	167
procedure	91, 162
process	31, 162

Q

QUIET	168

R

range	67, 71, 74, 82, 93, 167
read	130
readline	130
real	27, 71, 74, 86
recode	88
rem	25, 27, 36
report	85
return	91, 95, 96
reverse_range	167

right	93, 97, 167
RIGHTOF	167
RTL	13, 47, 55, 137, 142

S

severity	71, 85
shared	68
signal	17, 67, 70, 95, 97, 102, 143, 162
signed	50
STABLE	168
STANDARD	77
STARC	138
STD	77
std_logic	16, 18, 26, 67, 129, 149
std_logic_1164	16, 50, 74, 77, 81, 149
std_logic_arith	50, 77, 99
std_logic_signed	50
std_logic_textio	129
std_logic_unsigned	35, 50, 77, 99
std_logic_vector	18, 21, 23, 50, 67, 81, 87, 99, 129, 149
std_ulogic	149
string	71
STRUCTURE	168
subprogram	163
subtype	75
SUCC	167

T

TEXTIO	77, 129
time	70
to	21, 38
To_bit	87
To_bitvector	87
To_stdlogic	87
To_stdlogicvector	87
TRANSACTION	168
transport	85
TRUE	34, 148
type	74, 81, 163

U

units	73
unsigned	50, 96
use	16, 76, 164

V

VAL	167
variable	67, 70, 95, 98, 102, 143, 165
VHDL'93	12, 28, 68, 87
VHSIC	12

W

wait	59, 68, 91, 131, 165
wait for	123
wait on	59
wait until	44, 59, 121, 123, 125
WARNING	85
when	37, 146
WORK	76
write	130
writeline	130

X

xor	18, 36

あ・ア行

アーキテクチャ	13, 17, 75, 150
アサート文	85
アップ/ダウン・カウンタ	53
アトリビュート	80, 93, 97, 102, 149
位置による関連付け	20, 98
イネーブル信号	53, 140
インスタンス文	57
演算子オーバロード	99
エンティティ	14, 57, 75, 150, 151
オーバロード	53, 98, 125
オブジェクト	67, 149

か・カ行

- 解決関数 ……………………………… 149
- 回路図入力 …………………………… 11
- 加算器 ………………………………… 49
- 関係演算子 ……………………… 34, 53
- 慣性遅延 ……………………………… 85
- 観測ポイント ………………………… 121
- 記述スタイル ………………………… 138
- 期待値照合 …………………………… 133
- キャリ・ルックアヘッド ……………… 26
- 共有変数 ……………………………… 126
- クラス …………………………… 67, 149
- グレイ・コード ……………………… 100
- ゲーテッド・クロック ……………… 140
- 減算器 ………………………………… 49
- 構造化記述 …………………………… 19
- コメント ……………………………… 29
- コンパレータ ………………………… 34
- コンフィグレーション宣言 …… 59, 75, 150
- コンポーネント・インスタンス文 …… 20, 45, 146
- コンポーネント宣言 ……………… 19, 57, 151

さ・サ行

- 再帰呼び出し ………………………… 91
- サブタイプ …………………………… 75
- サブプログラム ………… 91, 97, 98, 125
- 算術演算子 ……………… 25, 49, 53, 99
- ジェネリック文 ………………… 84, 109
- ジェネレート文 ……………………… 147
- シフト・レジスタ …………………… 69
- シミュレーション
  ……… 21, 47, 57, 60, 80, 121, 125, 131, 132, 138
- 集合体 ………………………………… 23
- 状態遷移図 …………………………… 113
- 初期値 …………………………… 27, 84
- ジョンソン・カウンタ ………………… 55
- 信号宣言 ………………… 17, 41, 70, 97
- 信号代入文 ……………… 17, 68, 69, 165
- ステート・マシン …………………… 113

た・タ行

- 設計スタイルガイド ………………… 138
- セットアップ時間 …………………… 85
- 宣言文 ………………………………… 79
- センシティビティ・リスト …… 31, 44, 45, 59
- 属性 …………………………………… 93

- 代入ポイント ………………………… 121
- タイプ限定式 ………………………… 88
- タイプ変換関数 ………………… 84, 87
- 多次元配列 …………………………… 82
- 多重定義 ……………………………… 82
- 立ち上がりエッジ ………… 44, 69, 121
- 遅延式 ………………………………… 123
- 遅延値 ………………………………… 142
- 定数宣言 ………………… 67, 70, 79
- データ・タイプ …… 21, 50, 57, 61, 70, 74, 79
- デコーダ ………………………… 37, 95
- テストベンチ ………………………… 124
- デルタ遅延 ……………………… 69, 140
- 伝播遅延 ……………………………… 85
- 同期式カウンタ ……………………… 49
- 同時処理文 ……………… 31, 110, 146

な・ナ行

- 名まえによる関連付け …………… 20, 98

は・ハ行

- ハイ・インピーダンス ………………… 26
- バイナリ・カウンタ …………………… 49
- バイナリ-デシマル・エンコーダ ……… 38
- 配列 ……………… 34, 74, 81, 93, 109
- 配列のスライス ……………………… 22
- 波形 …………………………………… 165
- ハザード ……………………………… 55
- パッケージ ……………… 16, 50, 75, 77
- パッケージ・ボディ ………………… 92
- パラメータ・リスト ……………… 91, 102
- パリティ・ビット ……………… 131, 132
- バレル・シフタ ………………… 102, 105

ビットの結合	23
ビット幅	22
非同期式カウンタ	54
非同期セット	65
非同期リセット	65
ビヘイビア・レベル	13
ファンクション	67, 91, 93, 98
不定	27
プライオリティ・エンコーダ	39, 96
フリップフロップ	44, 47, 100, 142
フル・アダー	49
プロシージャ	67, 91, 98, 102, 125, 126
プロセス文	31, 57, 67, 143
変数宣言	67, 70, 98
変数代入文	68, 69
ポート	15, 20, 49
ホールド時間	85

ま・マ行

マルチプレクサ	33, 143
ミーリ型	114
ムーア型	117

や・ヤ行

優先順位	18, 36
ユーザ定義	74, 75, 79, 80, 149

ら・ラ行

ライブラリ	16, 75, 77
ラッチ	44, 105
ラベル	20, 146
リゾーブ・タイプ	42, 149
リプル・カウンタ	54
リプル・キャリ	26
ループ変数	96
レコード・タイプ	88
レーシング	121, 140
列挙	34, 74
連接子	23
論理演算子	18, 21, 34
論理合成	13, 17, 21, 25, 26, 41
論理式レベル	17

◆ 参考文献 ◆

(1) IEEE Standard 1076, VHDL Language Reference Manual, IEEE, 1987.
(2) IEEE Standard 1164, Multivalue Logic System for VHDL Model Interoperability(Std_logic_1164), IEEE, 1993.
(3) Steve Carlson；VHDLによるHDL設計と論理合成入門，日本シノプシス(株)，1990.
(4) 長谷川裕恭；VHDL言語ワークショップ，日本シノプシス(株)，1993.
(5) R.Lipsett, C.Schaefer, C.Ussery；VHDL：Hardware Description and Design, Kluwer Academic Publishers, 1989.
(6) Jayaram Bhasker；A VHDL Primer, PRENTICE HALL, 1992.
(7) D.Perry；VHDL, McGraw-Hill, 1991.
(8) Berge, J-M；VHDL '92, Kluwer Academic Publishers, 1993.
(9) 今井正治；ハードウェア記述言語の現状とVHDLの標準化，インターフェース，1994年1月号，CQ出版(株).
(10) 長谷川裕恭；ハードウェア記述言語を使ったロジック設計法，トランジスタ技術，1992年11月号，CQ出版(株).
(11) 長谷川裕恭；ハードウェア記述言語VHDL入門，トランジスタ技術，1993年3月号，CQ出版(株).
(12) 長谷川裕恭；例解VHDLプログラミング，トランジスタ技術，1993年9月号～1994年5月号，CQ出版(株).
(13) 長谷川裕恭；設計スタイルガイド2002, VHDL版 ver.4.00, STARC((株)半導体理工学研究センター)，(株)エッチ・ディー・ラボ，2002.

著者略歴

長谷川　裕恭（はせがわ・ひろやす）

1961年	北海道札幌生まれ
1984年	上智大学理工学部物理学科卒
同　年	キヤノン株式会社 半導体開発部 第二開発室に勤務
	フルカスタムIC開発に従事
1986年	エスシーハイテクセンター株式会社に勤務
	1988年よりVerilog HDL，VHDLによるロジック回路設計に従事
	日本で最初にVHDLによるICを開発
1992年	社名を日本シノプシス株式会社に改名　メソドロジー課兼NCS課課長として
	ロジック回路設計のコンサルティング・ビジネスに従事
1996年	株式会社エッチ・ディー・ラボを設立
	現在，ロジック回路設計の第一人者として，コンサルティング，執筆活動中

- ●**本書記載の社名，製品名について** ── 本書に記載されている社名および製品名は，一般に開発メーカーの登録商標です．なお，本文中では™，®，©の各表示を明記していません．
- ●**本書掲載記事の利用についてのご注意** ── 本書掲載記事は著作権法により保護され，また産業財産権が確立されている場合があります．したがって，記事として掲載された技術情報をもとに製品化をするには，著作権者および産業財産権者の許可が必要です．また，掲載された技術情報を利用することにより発生した損害などに関して，CQ出版社および著作権者ならびに産業財産権者は責任を負いかねますのでご了承ください．
- ●**本書に関するご質問について** ── 文章，数式などの記述上の不明点についてのご質問は，必ず往復はがきか返信用封筒を同封した封書でお願いいたします．ご質問は著者に回送し直接回答していただきますので，多少時間がかかります．また，本書の記載範囲を越えるご質問には応じられませんので，ご了承ください．
- ●**本書の複製等について** ── 本書のコピー，スキャン，デジタル化等の無断複製は著作権法上での例外を除き禁じられています．本書を代行業者等の第三者に依頼してスキャンやデジタル化することは，たとえ個人や家庭内の利用でも認められておりません．

JCOPY〈出版者著作権管理機構委託出版物〉
本書の全部または一部を無断で複写複製（コピー）することは，著作権法上での例外を除き，禁じられています．本書からの複製を希望される場合は，出版者著作権管理機構（TEL：03-5244-5088）にご連絡ください．

改訂・VHDLによるハードウェア設計入門

1995年 3月30日　初版発行
2022年 7月 1日　改訂第11版発行

© 長谷川裕恭 1995-2004

著　者　長谷川　裕恭
発行人　小澤　拓治
発行所　ＣＱ出版株式会社
〒112-8619 東京都文京区千石 4-29-14
電話 編集　03-5395-2124
　　 販売　03-5395-2141

定価はカバーに表示してあります
ISBN978-4-7898-3396-7

無断転載を禁じます
Printed in Japan

DTP・印刷・製本　三晃印刷株式会社
乱丁，落丁本はお取り替えします